中 等 职 业 教 育 国 家 规 划 教 材
全国中等职业教育教材审定委员会审定

航 空 摄 影 测 量

（测量工程技术专业）

主　　编　陈永明

责任主审　田青文

审　　稿　肖　平　孔金铃

中国建筑工业出版社

图书在版编目（CIP）数据

航空摄影测量/陈永明主编. —北京：中国建筑工业出版社，2003（2022.7重印）
中等职业教育国家规划教材．测量工程技术专业
ISBN 978-7-112-05422-0

Ⅰ．航… Ⅱ．陈… Ⅲ．摄影测量法-专业学校-教材 Ⅳ．P23

中国版本图书馆 CIP 数据核字（2003）第 044959 号

　　本书内容紧密结合国家现行规范，适当反映当前生产作业中的新方法、新技术。全书共分七章，包括：航空摄影测量的基础知识、航摄像片的调绘、像片平面图测图、立体测图、像片控制测量、数字摄影测量、地面摄影测量。全书力求突出科学性、实用性，简明扼要、通俗易懂。

　　本书可供中等职业学校测量工程技术专业学生使用，也可供相关技术人员学习参考之用。

中 等 职 业 教 育 国 家 规 划 教 材
全国中等职业教育教材审定委员会审定

航空摄影测量
（测量工程技术专业）

主　　编　　陈永明
责任主审　　田青文
审　　稿　　肖　平　孔金铃

*

中国建筑工业出版社出版、发行（北京西郊百万庄）
各地新华书店、建筑书店经销
廊坊市海涛印刷有限公司印刷

*

开本：787×1092毫米　1/16　印张：8½　字数：204千字
2003 年 7 月第一版　　2022 年 7 月第九次印刷
定价：**24.00** 元
ISBN 978-7-112-05422-0
（32382）

中等职业教育国家规划教材出版说明

　　为了贯彻《中共中央国务院关于深化教育改革全面推进素质教育的决定》精神，落实《面向 21 世纪教育振兴行动计划》中提出的职业教育课程改革和教材建设规划，根据教育部关于《中等职业教育国家规划教材申报、立项及管理意见》（教职成［2001］1 号）的精神，我们组织力量对实现中等职业教育培养目标和保证基本教学规格起保障作用的德育课程、文化基础课程、专业技术基础课程和 80 个重点建设专业主干课程的教材进行了规划和编写，从 2001 年秋季开学起，国家规划教材将陆续提供给各类中等职业学校选用。

　　国家规划教材是根据教育部最新颁布的德育课程、文化基础课程、专业技术基础课程和 80 个重点建设专业主干课程的教学大纲（课程教学基本要求）编写，并经全国中等职业教育教材审定委员会审定。新教材全面贯彻素质教育思想，从社会发展对高素质劳动者和中初级专门人才需要的实际出发，注重对学生的创新精神和实践能力的培养。新教材在理论体系、组织结构和阐述方法等方面均作了一些新的尝试。新教材实行一纲多本，努力为教材选用提供比较和选择，满足不同学制、不同专业和不同办学条件的教学需要。

　　希望各地、各部门积极推广和选用国家规划教材，并在使用过程中，注意总结经验，及时提出修改意见和建议，使之不断完善和提高。

教育部职业教育与成人教育司

2002 年 10 月

前　言

　　本教材是教育部规划的中等职业学校测量工程技术专业系列教材之一，是根据教育部新颁教学大纲在原教材《航空摄影测量》（1991年地质出版社出版）一书的基础上重新编写的。

　　全书共七章，在充分考虑中等专业学校职业教育特点的前提下，比较系统地阐述了航空摄影测量与地面摄影测量的基础理论，并以大比例尺航测成图为重点详细地介绍了像片调绘、像片控制测量等外业工作，删去或减少了航测内业成图中陈旧的作业方法，但保留了其必要的基本原理，并对正在发展的数字摄影测量新技术作了概念性的介绍。

　　全书由陈永明主编，何辉明编写了第一、二两章，第三、四、五、六、七章由陈永明编写。并受教育部委托由陕西省测绘局地理信息系统中心肖平副教授和长安大学地球科学与国土资源学院孔金铃副教授审稿，由长安大学地质工程与测绘工程学院田青文教授主审。

　　在编写的过程中，较广泛地参考了兄弟院校的教材和有关单位的文献、资料，在此表示衷心感谢。虽然我们尽了很大的努力，由于编者业务水平有限，书中难免有不妥之处，恳请读者批评指正。

目　　录

第1章 航空摄影测量的基础知识

1.1 概 论

1.1.1 摄影测量及其研究的内容

对研究对象进行摄影，根据所摄像片上的影像信息进行分析、研究，并测定该对象的性质、形状、大小及其空间位置，提供所需资料和图件，这就是摄影测量。它产生于19世纪50年代，当时，主要用于测绘地形图。

科学技术的发展，使摄影测量的研究和应用范围不断扩大。按照所研究对象的不同，摄影测量学在内容上可分为地形摄影测量和非地形摄影测量两大类。地形摄影测量研究的对象是地表的形态，以物体与构像之间的几何关系为基础，根据摄影像片绘出各种比例尺地形图；非地形摄影测量，则是以研究空间物体的形状、大小、运动轨迹等为目的，它也是按照物体与构像之间的几何关系，根据摄影像片测定特征点的三维坐标，或测绘出被摄物体的立面图、平面图，最后显示为立体形状的等值线图等。摄影测量学也可按摄影站的位置分为：地面摄影测量、航空摄影测量、航天摄影测量和水中摄影测量几类。

1.1.1.1 地面摄影测量

地面摄影测量包括地面立体摄影测量和非地形摄影测量。前者是将摄影经纬仪安置在地面两相邻的摄影站上，按一定的要求，拍摄测区的像片，然后用摄影测量的方法测绘地形图。地面摄影存在前景遮蔽后景以及每张像片的使用面积小等缺点，不适用于大面积测图。后者是在近距离对研究目标进行摄影，取得像片后，根据影像信息测定目标的外形、状态和几何位置，所以，非地形摄影测量一般又可称为近景摄影测量。近景摄影测量正广泛应用于建筑工程、古迹修复、考古、医学、生物、机械制造、采矿、冶金、船舶制造、结构物变形、海洋、地质和粒子运动等各个方面。根据需要它可提供目标的等值线图和动态目标的形态与轨迹——目标特征点的三维坐标值或平面图等。

1.1.1.2 航空摄影测量

按照一定的要求，从飞机上对地面进行连续摄影，根据所获像片测绘出所需比例尺的地形图或各种专题地图。

航空摄影测量所得的航摄像片，能客观详尽地记录地球表面地物、地貌的现状，它具有形态逼真、相关位置正确、影纹显示细致，便于判读的特点。同平板仪地形测量相比较，用这样的像片所测绘的地形图，各部分的精度均匀；而且可以把大量的作业移到室内进行，从而减少野外工作量，不受或少受地形和天气条件的限制。

航空摄影测量生产成果的品种，除线划地图外，还有正射影像地图和数字地面模型等。航测仪器设备的机械化、电子化、数字化和自动化，可以不断提高工作效率，缩短成图周期，减少劳动强度和费用，使航空摄影测量具有成图快、精度好、成本低的优点，因此在国民经济建设各部门中被广泛应用。

1.1.1.3　航天摄影测量

它是在人造地球卫星、宇宙飞船等航天飞行器上，安装高精度的传感器，对地球或太阳系其他天体进行遥感测量，它在地质找矿、环境保护、气象服务和军事情报等方面得到了广泛应用。

1.1.1.4　水中摄影测量

水中摄影测量是将摄影机置于水中，对水下地表面进行摄影以测绘水下地形图，或对水下物进行摄影，测制其外形、状态和几何位置等。

1.1.2　航空摄影测量简要过程

航空摄影测量简称航测。使用航测方法测绘地形图，可分为下列三个过程：

1.1.2.1　航空摄影

航空摄影的目的是为了获得符合要求的航摄资料——测区的航摄底片（负片）、航摄像片（正片）和有关数据，供后续工序使用。

1.1.2.2　航测外业

航测外业包括像片控制测量与像片调绘两个方面。像片控制测量是为了使航测的成果与地面坐标系联系起来，即根据测区的已知大地点，连测出像片上规定位置的明显地物点的平面坐标和高程，直接用于测图或作为室内加密的起始数据。像片调绘是依据航摄像片（放大像片或像片平面图），按成图方法的要求，进行判读着铅，然后对照实地，进行定性调查注记或定性定量调查绘注，同时把像片上没有影像而需要表示的地物、地貌、境界线和地理名称等，按要求补测到像片上。

1.1.2.3　航测内业

（1）像片控制点内业加密

就是根据少量的像片控制点，采用解析空中三角测量的方法，解算所需加密点的平面坐标和高程，供内业测图时使用。

（2）像片测图

根据测区地形、成图比例尺及仪器设备情况，像片测图分为：像片平面图测图与立体测图。像片平面图测图只能解求待定点的平面位置，而立体测图不仅能解求待定点的平面坐标，高程也能一并解求。

1.2　摄影与航空摄影的一般知识

1.2.1　摄影机

1.2.1.1　摄影机的基本构造和作用

摄影机是获取被摄影景物光学影像的工具。虽然类型很多，结构繁简差别较大，形式也各不相同，但它们的基本结构是大致相同的。

图 1-1 是普通摄影机的基本结构。镜箱是一个不透光的匣子，前壁上装有摄影镜头，它的作用是聚集从被摄景物投射来的光线，在像面上构成光学影像。在镜头中间安装有一个孔径可变的光圈，其作用是控制镜头使用面积的大小，以调整进入镜头的光通量，即光圈大，进入镜头的光通量多。安装在镜头前的快门，其作用是控制摄影时曝光时间。后壁

上装的是一块用于观察被摄景物影像的毛玻璃，前壁与后壁之间由不透光的皮腔相联结。前壁可相对于后壁作平行移动，后壁也可以相对于前壁平行移动，目的是调节镜头和毛玻璃之间的距离，以满足获取清晰影像的光学条件。

1.2.1.2 摄影镜头的特性

光学影像的大小和质量主要取决于镜头的特性。摄影镜头有下列几个主要特性：焦距、相对孔径、像场和像角、分解力及摄影快门。

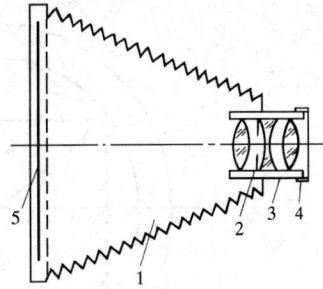

图 1-1 普通摄影机
1—镜箱；2—光圈；3—镜头；
4—快门；5—检影器玻璃

（1）焦距

焦距数值取决于透镜曲率半径的大小、透镜玻璃的折射率、透镜的厚度和透镜间的距离。

在其他条件相等的情况下，焦距愈长，所得影像的比例尺愈大。但是乳剂层表面的照度，将相应减弱。

（2）相对孔径

对一个镜头来说，像面上的亮度不仅取决于有效孔径（入射光瞳的直径）的大小，而且还取决于焦距的长短，因此，我们把有效孔径 A 与焦距 f 之比，作为控制构像亮度的一个因素，称为相对孔径，即：

$$相对孔径 = \frac{A}{f}$$

有效孔径随光圈孔径的变化而定，亦即相对孔径随光圈的大小而改变，相对孔径越大，像面上的亮度越大。由于相对孔径大都小于1，因此，常用相对孔径的倒数来表示进入镜头的光通量的一个因素。相对孔径的倒数 $\frac{f}{A}$，称为光圈号数。镜头筒光圈环上所标志的光圈号数，其排列顺序是以 $\sqrt{2}$ 为公比的等比级数，如：

$$2, \ 2.8, \ 4, \ 5.6, \ 8, \ 11, \ 16, \ 22$$

这样排列的结果，随光圈号数增大，相应的曝光时间也需增加。光圈号数每变更一挡，相应的曝光时间增加或减少一倍，就能保持相同的曝光量，从而取得同等的构像亮度。

（3）镜头的像场和像角

光线通过镜头后投射到焦面上的光照是不均匀的。照度由中央向四周边缘递减，影像的清晰度也从中央向边缘递减。如图 1-2 所示，一个直径为 AB 的明亮圆的范围称为视场。镜头中心与视场直径 AB 所张的角 2α，称为视角。在视场面积内，能获得清晰影像的区域称为像场（如图 1-2 中以 CD 为直径的圆面积）。同样，镜头中心至像场直径 CD 所张的角 2β，称为像角。

像角大的镜头摄取空间范围比像角小的为大，当像幅相同时，前者的比例尺比后者小。

（4）分解力

镜头分解力，是指镜头对被摄影景物微小细部的构像能力，常以 1mm 宽度内所能清晰分辨的线条数目来表示。由于镜头残余像差等原因，镜头中心部分的分解力，比边缘部

3

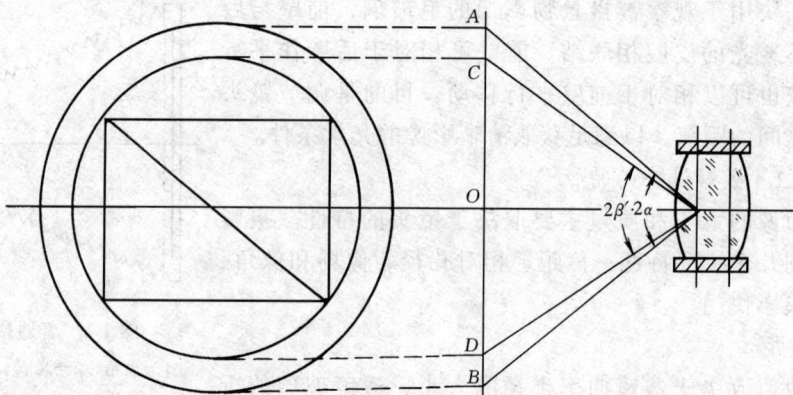

图 1-2　镜头的像场和像角

分为高。

（5）摄影快门

快门是控制曝光时间的机件。快门打开到关闭所经历的时间，称为曝光时间（或称快门速度）。常用快门有两种形式：中心式快门和焦面式快门。

要控制快门的速度，可根据刻在速度调节盘上的数字进行调节。速度盘所标志的曝光时间数字，常按下列顺序排列：

$$B，1，2，4，8，15，30，60，125，300……$$

这些数字表示以秒为单位的时间倒数，例如 1 表示 1s，2 表示 1/2s，余此类推。符号 B 是表示 1s 以上长时间的曝光的标志，若速度盘指示 B，则按下快门按钮时，快门打开，一松手，快门立刻关闭。

1.2.2　感光材料

摄影使用的感光材料有黑白和彩色两种。在黑白与彩色片中，又分为直接用于摄影的各种负性胶片和晒印用的复制正片、相纸及其他正性感光材料。

1.2.2.1　黑白感光材料的特性

（1）感色性

乳剂对于各种不同波长光线的敏感能力，称为感色性。

人们通过视觉获得对于颜色的辨认。而感光乳剂对于颜色光线的辨别记录，则在于乳剂的感光作用。了解这一点，便于在摄影中选择感光材料的感色性。

感光材料按感色性分为：

盲色片　只感受波长 500 nm 以下的蓝紫光，仅用于幻灯片、印像纸等正性材料。

正色片　感受到波长 580 nm，从蓝紫光扩大到黄光感受，仅用于印刷业。

全色片　对 700 nm 以下的可见光都感受，它是普通摄影常用的片种。

红外片　能对光谱中的近红外部分感光，是一种为特殊目的使用的感光材料，它能将人眼看不见的一部分红外信息，在红外片上显示出来。故可用于军事侦察上的揭露目标伪装，地球资源的勘察等。

（2）感光度

感光度是指感光材料对光的敏感程度，俗称感光速度。摄影时，需要知道感光材料的感光度，方可在不同光照条件下，正确选择曝光时间。因此在光照不变的情况下，感光度高的感光材料就给予较小的曝光量；感光度低的就给予较大的曝光量。

按照我国国标感光度规定，度数每相差 3°，感光的能力相差一倍，数值大的感光度高。

(3) 反差系数

密度：乳剂层在曝光和显影以后的变黑程度，称为密度（也称黑度、灰度）。

景物中最亮部分的亮度与最暗部分的亮度之比，或其对数之差，称为景物反差 U，即：

$$U = \lg B_{最大} - \lg B_{最小}, \quad 或 \quad U = \frac{B_{最大}}{B_{最小}}$$

景物被摄影之后，景物亮度大的部分，在乳剂层上产生的密度就大；景物亮度小的部分在乳剂层上产生的密度就小。在负片或正片上，其影像的最大密度 $D_{最大}$ 与最小密度 $D_{最小}$ 之差，称为影像反差 $\triangle D$，即：

$$\triangle D = D_{最大} - D_{最小}$$

反差系数 γ，就是影像反差与景物反差之比，即：

$$\gamma = \frac{\triangle D}{U}$$

γ 能说明该感光材料表现影像反差与景物反差的比例塑性。

从上式可知：当 $\gamma = 1$ 时，则 $\triangle D = U$，说明影像色调正确表现景物之间亮度差；当 $\gamma > 1$ 时，则 $\triangle D > U$，说明影像的色调比例地夸大所摄景物之间的亮度差；当 $\gamma < 1$ 时，则 $\triangle D < U$，说明影像的色调相对于景物之间的亮度比例地被压缩了。

1.2.2.2 像纸的选择

像纸有印像纸和放大纸两种。它们属于盲色片，可在红、黄色灯光下晒印像片。

印像纸感光速度较低，适用于接触晒印中，或用在较强光源进行的投影晒印。

放大纸感光速度比印像纸快得多，适用于各种倍数的投影晒印，亦可用在弱光进行的接触晒印中。但与负性感光材料相比，它们的感光速度要慢得多。

像纸的号数是标志它固有的反差。我国像纸的反差分为 1~4 号。1 号反差小，2 号反差中等，3 号反差大，4 号反差特大。一般应用较多的是 2、3 两号。

选择像纸一般按负片的反差确定。其基本原则是：负片反差大者，选用像纸号数小的；负片反差较小者，则选择号数较大的印像纸。

1.2.3 黑白感光材料的摄影处理

感光材料曝光以后，在乳剂层中便形成了被摄景物的潜像，需要及时进行显影、水洗、定影、水洗和晾干等摄影处理，以使潜像显现出来，成为稳定的可见影像。

1.2.3.1 显影

将感光材料上的潜像经显影液的氧化还原作用后，变成可见影像的过程称为显影。

现将生产中常用的两种显影液的配方列入表 1-1 中，可供使用时参考。

表 1-1 中，微粒显影液主要用于负片的处理，而普通显影液由于构像的颗粒较粗，一般仅用于处理正片。

表 1-1

名称 药品	微粒显影液	普通显影液
水（约 50 ℃）	750	750
米吐尔（克）	2	3.1
无水亚硫酸钠（克）	100	45
对苯二酚（克）	5	12
无水碳酸钠（克）	——	67.5
溴化钾（克）	——	1.9
加水至（毫升）	1000	1000
显影液温度（℃）	18～20	18～20
显影时间（min）	5～10	4～6 以 1 份水稀释

1.2.3.2 定影

感光材料经显影后，乳剂层中卤化银大部分被还原成金属银，但还残留少部分未被还原，如果不将它去掉，则再遇到光后仍会起化学反应而变色，使已显的影像被破坏。因此，为了稳定显出的影像，必须在显影后清除残存的卤化银，这就需采用化学的方法将其转化成可溶性的络合物并从乳剂层中水洗出去，这一过程称为定影。

定影液的配方很多，现只将其中的一种（F-5）介绍如下：

水（60 ℃）   600 毫升

硫代硫酸钠   240 克

无水亚硫酸钠   15 克

醋酸（28%）   48 毫升

硼酸   7.5 克

钾矾   15 克

加水至   1000 毫升

1.2.3.3 水洗和晾干

感光材料的摄影处理过程中需要进行两次水洗，其中一次是在显影以后、定影之前进行。这次水洗的目的是停止显影和延长定影液的使用效力。第二次水洗是在定影结束后进行，目的就是洗去乳剂层中的定影液和其他杂质。水洗一定要充分，否则，影像会发黄变色。

水洗方法有静水法和流水法两种。前者需要每隔 5 分钟换一次水（其间还应搅动 2～3 次），更换 5～6 次后即可；后者一般冲洗时间应在 15～30 分钟便可认为水洗已经充分。

晾干就是除去乳剂层中的水分，一般采用自然晾干，像片从水中取出后，先用海绵或纱布吸尽乳剂层表面的水滴，放在空气流通而清洁的晾片架上，并注意片与片不要叠在一起。

1.2.4 彩色摄影的概念

1.2.4.1 三色视觉理论

人的视觉能够感觉颜色是由于人眼睛的视网膜里有能感受光线的神经细胞。视网膜神经末梢上有柱体细胞和锥体细胞两类。柱体细胞的感光性能比锥体细胞要灵敏，但不能感色。锥体细胞的感光性能较低，但对不同波长的色光却能引起不同的色感。锥体细胞有三种感色单元，一类对蓝光（400～500 nm）的感受最为敏感，故称为感蓝单元；另一类对绿光（500～600 nm）最敏感，称为感绿单元；第三类对红光（600～700 nm）最敏感，称为感红单元。当三类感色单元受到同等程度的刺激时，便得到消色的感觉，刺激强烈时，得到白的感觉；刺激中等，得到灰色的感觉；刺激很弱时，得到黑色的感觉。三类感色单元受到刺激程度不相等时，便得到彩色的感觉。具体的色感取决于各感色单元所受到刺激的相对比值的综合。这就是所谓的三色视觉理论。

根据该理论，自然界一切颜色都是由蓝、绿、红三种原色组成的，而其余各色可认为是三原色按成分不同程度的光学综合而得的间色。试验显示：黄色＝绿＋红；品红色＝蓝＋红；青色＝绿＋蓝。黄、品红、青称为三个间色。蓝与黄、绿与品红、红与青可以组成白色，我们又称它们互为补色。

1.2.4.2 彩色感光材料

彩色感光材料的结构如图 1-3 所示。在片基上涂布有三层感光性能不同的乳剂，上层乳剂是盲色乳剂，不感受红、绿光，只感受蓝、紫光，该层乳剂中含有黄色成色剂，经彩色显影后生成黄色染料；中层乳剂为正色乳剂，感受绿光，同时在该乳剂层中加入能够形成品红染料的品红成色剂；下层乳剂为全色乳剂，感受红光，在该层中含有能够成青色染料的成色剂。三层乳剂层，均对蓝光敏感，为了使中层乳剂只感受绿光，下层乳剂只感受红光，在上乳剂层下面涂一层黄色滤光层以吸收蓝光，使红绿通过，达到分层感光分色的目的。彩色感光材料除乳剂层之

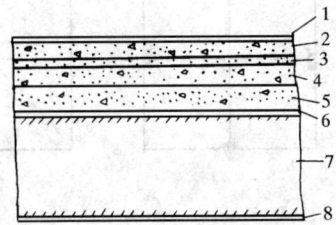

图 1-3　彩色感光材料的结构
1—保护层；2—感蓝层（含黄成色剂）；3—黄色滤光层；4—感绿层（含品红成色剂）；5—感红层（含青成色剂）；6—底层；7—片基；8—防光晕层

外，它与黑白感光材料的结构一样，还涂有一些必须的辅助层。

彩色感光材料经曝光和彩色摄影处理，在三层乳剂中分别获得被摄景物的黑色金属银像的同时，使乳剂中的成色剂与彩色显影剂的氧化物相作用，形成染料影像。染料产生的多少与金属银的多少呈正比。彩色感光材料通过彩色显影以后，仍呈现不出彩色影像，必须进行漂白、定影处理，将金属银像和黄色滤光层除去，才可以得到被摄景物颜色的补色的彩色，即由上层至下层分别成黄色、品红色和青色的影像。

彩色像纸的结构和彩色胶片的结构基本相同。不同点在于它的片基是纸而不是胶片。

在正片印晒过程中，彩色负片可看成是补色滤光片的综合，起着类同于滤光片的作用。白光透过彩色负片时彩色影像的补色被吸收，透过的光线乃是景物原彩色的补色，对正片各乳剂层感光。同样由于成色剂的作用，正片上的影像乃是原景物补色的补色，也就是在正片上还原了景物的彩色。

1.2.5 航空摄影的一般知识

航空摄影就是将航空摄影机安装在飞机上，按照技术设计的要求，对地面进行连续摄影以获得指定地区的航摄像片的过程。

航空摄影一般可分为近似垂直摄影和倾斜摄影。摄影时，航空摄影机主光轴偏离铅垂线约在 3°以内的称为近似垂直摄影，这是航空摄影测量使用的一种主要摄影形式。当航空

摄影的摄影机主光轴偏离铅垂线3°以上者，称为倾斜航空摄影，所获得的像片称为倾斜航摄像片。这种像片覆盖地面的范围比垂直摄影像片大，它通常适合于军事侦察。

1.2.5.1 航空摄影机

航空摄影机是航空摄影的主要工具。按镜头焦距的长度可分为短焦距（$f < 150\ mm$）、中焦距（$150\ mm < f < 300\ mm$）和长焦距（$f > 300\ mm$）三种。目前生产中使用最多的是中焦距摄影机，它的像幅为 23 cm × 23 cm。在镜头的焦面处设置了一个用于承托底片的承片框，在承片框的四个边中点处各有一个齿形标记，称为机械框标（有的摄影机是在承片框的四个角隅各有一个用光源照明的光学框标）。借助于框标可以在像平面上建立框标直角坐标系，如图 1-4 所示。

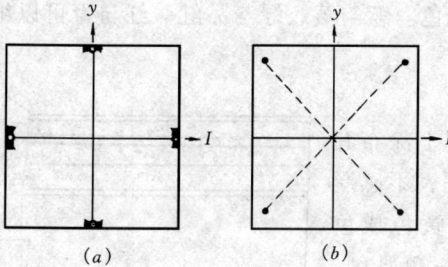

（a）　　　（b）

图 1-4

航空摄影机镜头的主光轴与框标平面是垂直的，垂足称为像主点（当主光轴通过框标连线交点时，该交点就是像主点）。镜头后节点至像主点之间的垂距称为摄影机主距或像片主距。由于镜头和框标平面固定在同一镜筒上，所以航摄像片的主距是固定的。

应当指出，航空摄影机的主距与镜头焦距是存在着一个微小差值的，但在应用中一般都不加区别。

1.2.5.2 航空摄影的一般技术要求

（1）摄影航高的确定

摄影航高（H）是指摄影瞬间摄影飞机至测区平均高程基准面的高度，可用公式 $H = m \cdot f$ 计算。

式中 m 是像片比例尺的分母，它的取值与成图比例尺有关。对于大比例尺测图而言，当 $m_{像} / M_{图}$ 的值在 4 左右时，无论是成图的精度还是摄影的经济性都是较为理想的。

式中的 f 是摄影机的焦距。选用何种焦距的摄影机，视航测成图的方法而定。像片平面图测图时，以长焦距为好；而立体测图时，则以短焦距摄影机为佳。

例如，某测区采用像片平面图测图方法测制 1:1 000 地形图，那么像片比例尺应为 1:4 000，摄影机焦距选 300mm 后，摄影航高 $H = 1\ 200m$。

（2）像片重叠度的要求

为了满足像片测图的需要，航空摄影时要保证同航线相邻像片间应有一定的重叠。如图 1-5 所示。此外，相邻航线间的相邻像片也应有一定的重叠，如图 1-6 所示。

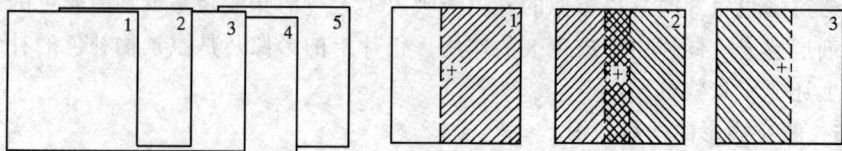

图 1-5　航向重叠

前者称为航向重叠（Px），一般规定 Px 在 60% ~ 65% 之间，最小不能小于 53%；后者称为旁向重叠（Py），一般规定 Py 在 30% 左右，最小不小于 15%。

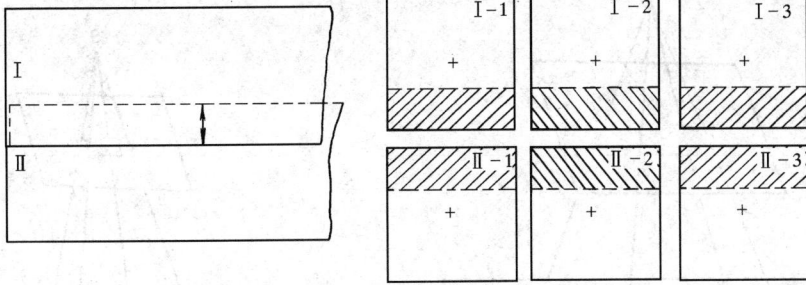

图 1-6 旁向重叠

1.3 航摄像片的几何特性

1.3.1 航摄像片是地面的中心投影

航摄像片上的影像是地面物体的反射光线，通过摄影机镜头投射到负片感光层上所形成的。如图 1-7 所示，镜头（S）是投影中心，负片（P'）上的影像 $a'b'c'$ 是物面（T）上的物体 ABC 的构像。摄影时，任何一对相应点与投影中心 S 一定位于同一条直线上，它符合中心投影的几何特征。所以航摄像片是地面的中心投影。

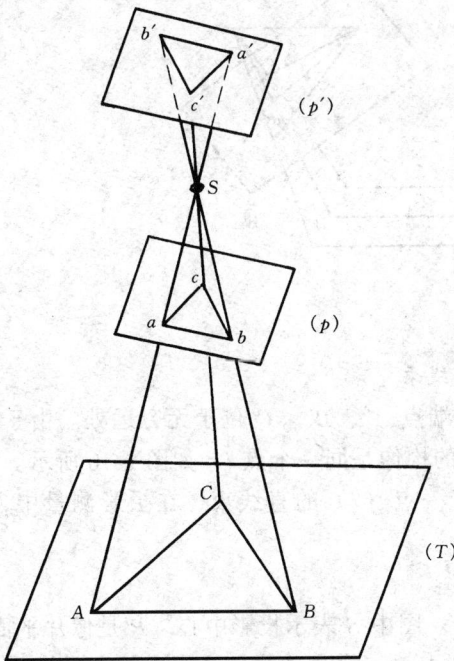

图 1-7

如果将负片（P'）绕像主点在自身平面内旋转 180°，并沿着主光轴向下移动至 P' 的对称位置，即图 1-7 中的 P 的位置，称为正片位置，其几何特性仍然没有改变。因此在今后讨论问题时，采用负片位置，还是采用正片位置，从数学上讲是完全一致的。

1.3.2 中心投影的构像规律

1.3.2.1 点的构像是点

这是因为一个点只有一条投射光线，它与像面 P 只能有一个交点，如图 1-8 中，像点 a 是物点是 A 的构像。

1.3.2.2 直线的构像是直线

如图 1-8 所示，直线 BC 与投影中心 S 构成一个投射平面 SBC，该平面与像面 P 的交线 bc 是直线 BC 的构像。特殊情况下，若直线的延长线通过 S 点时，该直线的构像仍然是点，如图 1-8 中 d 点是直线 DE 的构像。

1.3.2.3 曲线的构像是曲线

由图 1-9 可知，T 平面上的曲线 $ABCD$ 与投影中心 S 构成的投射面是一个曲面，因此该曲面与像平面的交线 $abcd$ 是曲线。特殊情况下，当曲线上各个点位于同一投射平面内时，该曲线的构像为一条直线。

9

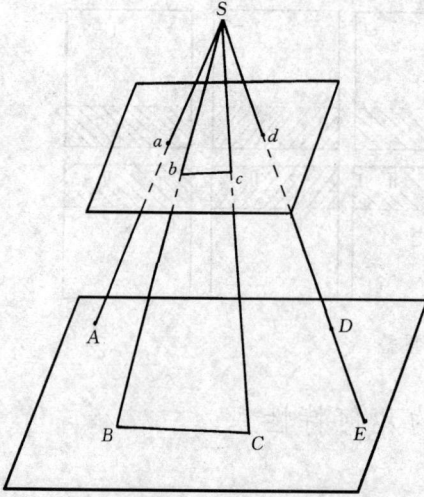

图 1-8

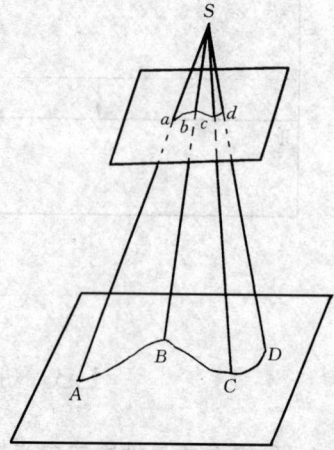

图 1-9

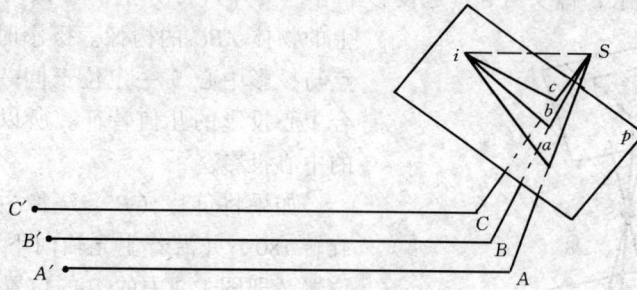

图 1-10

1.3.2.4 平行直线的构像是汇聚于一点的直线束

假设空间有一组平行线 AA'、BB'、CC'，远端点 A'、B'、C' 位于无穷远处。由于远端点的投射光线与该组平行直线平行，所以它们的构像是同一个点 i，如图 1-10 所示。从而也说明了，平行直线的中心投影构像是汇聚于一点（i）的直线束，在摄影测量中，i 点也被称为合点。

1.3.3 中心投影的基本点、线、面

中心投影的基本点、线、面，如图 1-11 所示。图中 S 表示投影中心，P 是像片平面，T 是水平地面，像片平面 P 与水平地面 T 的交线 $h_t h_t$，称为迹线。迹线上的点具有二重性，它既是像点也是物点。

过 S 点作平行于 T 面的水平面 G，G 面与 P 面的交线 $h_i h_i$ 称为合线，而 G 面称为真水平面。

过 S 点作既垂直于 P 面又垂直于 T 面的竖直平面，该平面用 W 表示，称为主垂面。主垂面 W 与 P 面的交线 vv，称为主纵线；主垂面 W 与 T 面的交线 VV，称为基本方向线。

过 S 点且与 P 面垂直的光线 So 称为主光线，So 的长度为摄影机的焦距 f。主光线与像片交点 o 称为像主点，像主点 o 在水平面 T 上的相应点 O 称为地主点。

过 S 点的铅垂线 SN 称为主垂线，主垂线与像片面的交点 n 称为像底点，在水平地面

10

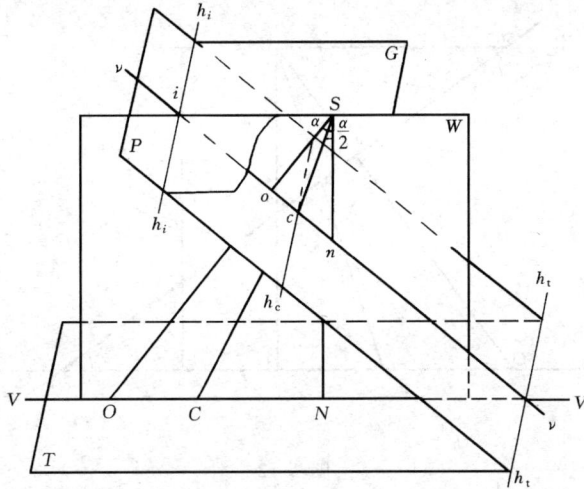

图 1-11

T 上的相应点 N 称为地底点。SN 的长度就是水平地面的相对航高 H_{T}。

主光线 SO 和主垂线 SN 均位于主垂面 W 内,它们之间的夹角 α,称为像片倾斜角。α 角的平分线与像面 P 和地面 T 的交点分别为 c、C,都称为等角点。过 C 点的像水平线 h_ch_c 称为等比线。可以证明,同摄影站的水平像片与倾斜像片相交于等比线。

由图 1-12 可以看出,中心投影的基本点、线间存在着如下数学关系:

$$\left. \begin{aligned} on &= f \cdot \mathrm{tg}\,\alpha \\ oc &= f \cdot \mathrm{tg}\,\frac{\alpha}{2} \\ oi &= f \cdot \mathrm{ctg}\,\alpha \\ Sn &= \frac{f}{\cos\alpha} \\ Si &= ci = \frac{f}{\sin a} \\ ON &= H \cdot \mathrm{tg}\,\alpha \\ CN &= H \cdot \mathrm{tg}\,\frac{\alpha}{2} \end{aligned} \right\} \tag{1-1}$$

1.3.4 中心投影作图

根据中心投影的定义和特征,用作图方法求出空间点、线(或平面)在像面上的中心投影构像,对于了解航摄像片的几何特性是非常有益的。

在图 1-13 中,已知投影中心 S、像面 p 和位于物面 T 且与基本方向线 VV 斜交的平行直线 AB、DE。求平行直线的中心投影作图方法是:

首先,将此平行直线延长,它们与迹线分别相交得迹点 t_b、t_e。过投影中心 S 作直线的平行线,与合线 h_ih_i 的交点为 i',此即该组平行直线的合点。连接合点和迹点,即得该组平行线延长线在像面 p 上的构像 $i't_b$ 和 $i't_e$。

然后,过投影中心 S 分别与直线端点 A、B、D 和 E 连线,连线 SA、SB、SD 和 SE 与像面 p 上的直线 $i't_b$、$i't_e$ 相交得 a、b、d 和 e 点。直线 ab、de,即为所求平行直线

11

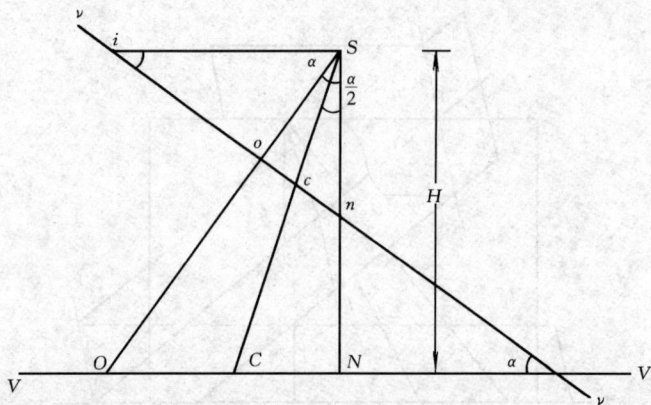

图 1-12

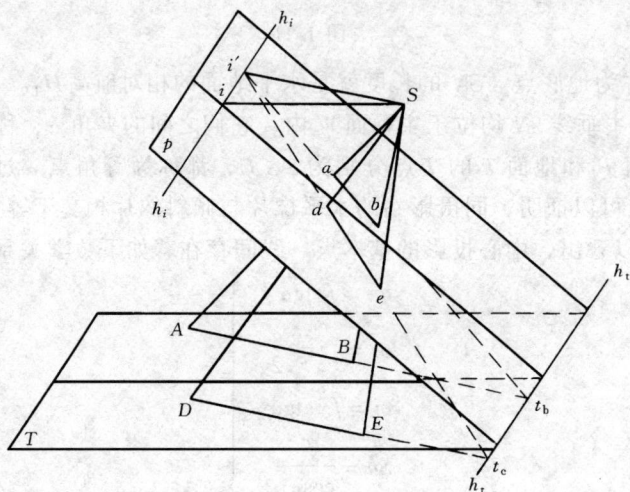

图 1-13

AB、DE 的中心投影构像。

当空间直线不位于物面 T 上，而是与 T 面相垂直的铅垂线时，求铅垂线中心投影构像的作图方法，如图 1-14 所示：

首先，通过投影中心 S 画出主垂线 SN，分别得到相应的底点 n 与 N。此像底点 n 为空间铅垂线的合点，即铅垂线的构像 $aa°$ 必在通过 n 的直线上。

其次，求 $A°$ 点的像 $a°$：连接 $A°N$ 与迹线相交，得 t'；过投影中心 S 作辅助线 $A°N$ 的平行线，与合线相交得该辅助线的合点 i'；连接 $i't'$ 为辅助线延长后的中心投影（由图可见，$i't'$ 必通过像底点 n，因此，作图求合点时可省略，只需画出 $t'n$ 的延长线即可）；连投影光线 $SA°$ 与 $i't'$ 线相交，得相应像点 $a°$。

最后求空间点 A 的构像：因为铅垂线的合点是像底点 n，因此，铅垂线的空间点 A 的构像，必在像底点 n 与地面点 $A°$ 的构像 $a°$ 的延长线上，故只需连接投影光线 SA，SA 与该延长线相交的点 a，即为该空间点的构像。直线 $aa°$，即为所求铅垂线 $AA°$ 的中心投影。

12

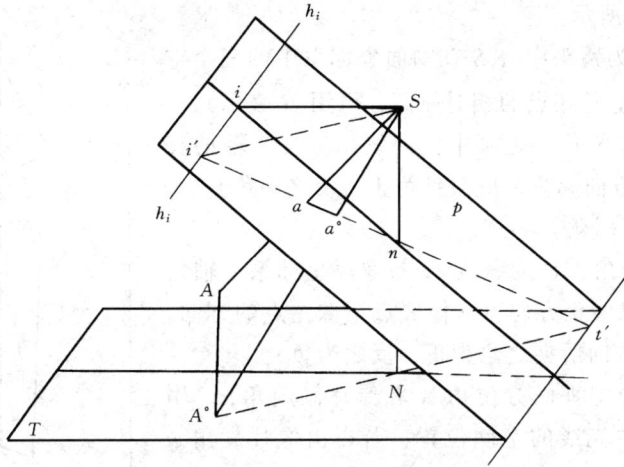

图 1-14　铅垂线的中心投影作图

1.4　航摄像片的内、外方位元素

根据航摄像片上的影像(像点)解求其相应地面点的空间位置,是航空摄影测量非常重要的内容和主要任务。知道摄影光束的形状及摄影光束在空间的位置是其必备的前提条件之一。

1.4.1　内方位元素

确定镜头中心 S 与像片 P 相对位置的数据,称像片内方位元素,简称内方位元素。如图 1-15 所示,内方位元素由镜头焦距 f,像主点 O 在框标坐标系中的坐标 x_0、y_0 组成。若改变 S 与 P 之间的相对位置,摄影光束的形状也随着发生改变。

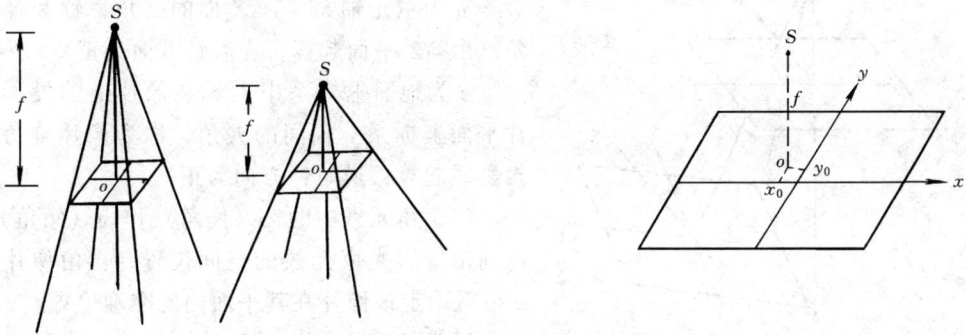

图 1-15　内方位元素决定摄影光束的形状

像片的内方位元素是已知的,在航空摄影机的鉴定表中均有记载。顺便指出,像片的理论框标数据也是记录在鉴定表中。

1.4.2　像片外方位元素

确定摄影瞬间镜头中心 S、像片 P 空间位置所需的数据,叫做像片的外方位元素。

外方位元素随不同的作业方法可分为两类:

1.4.2.1　单片测图的外方位元素

单片测图的外方位元素有六个,它们是:三个直线元素 X_s、Y_s、Z_s 和三个角元素 A、

α、κ，如图 1-16 所示。

X_s、Y_s、Z_s 为镜头中心 S 在物面坐标系中的三个空间坐标（Z_s 实际上是底点的相对航高，可用 H 表示）。

A 为主垂面方位角，是基本方向线 NO 与 Y 轴的夹角（以 Y 轴的正方向起算，顺时针为正，反之为负）。

α 为像片的倾斜角。

κ 为像片的旋角，是主纵线 vv 与像片坐标系 y 轴之间的夹角（由主纵线正方向——像底点至像主点的方向，逆时针至 y 轴正方向所夹之角为正，反之为负）。

很明显，其中主垂面方位角 A 和像片倾斜角 α，用以确定摄影光束主光线的空间位置，若再由像片旋角 κ 来确定该像片在其平面内的准确位置后，则就完全确定（或恢复）了像片 p 的空间位置。

1.4.2.2 立体测图的外方位元素

立体测图的外方位元素也有六个，它们是：X_s、Y_s、Z_s、φ、ω 和 κ，如图 1-17 所示。三个直线元素 X_s、Y_s、Z_s 仍为镜头中心 S 在地面坐标系中的坐标。

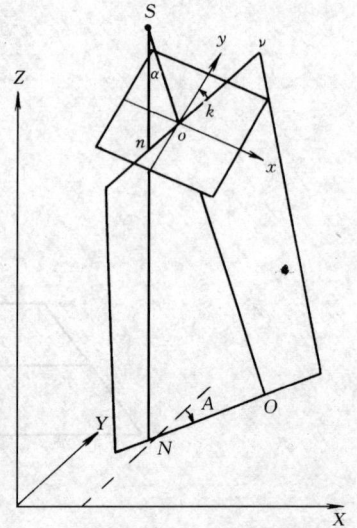

图 1-16 单片测图的外方位元素

φ 为主光轴 So 在地面坐标系中 XZ 面上的投影与过镜头中心 S 的铅垂线（即 Z 轴）的夹角，称为像片偏角（由 Z 轴起算，逆时针方向为正；反之为负）。

ω 为主光轴 So 与 XZ 面的夹角，称为像片倾角（由 XZ 平面起算，逆时针方向为正）。

κ 为地面坐标系中 Y 轴在像片上的投影与像片平面坐标系 y 轴间的夹角，称为像片旋角（由投影线起算，逆时针方向为正）。

三个角元素中的 φ（偏角）和 ω（倾角），用以确定摄影光束光线的空间位置，再由像片旋角 κ 最后确定该像片在其平面内的准确位置。

通常像片外方位元素是未知值，当我们利用像片测制地形图，需要恢复像片的外方位时，可根据一定数量的像片控制点反求。

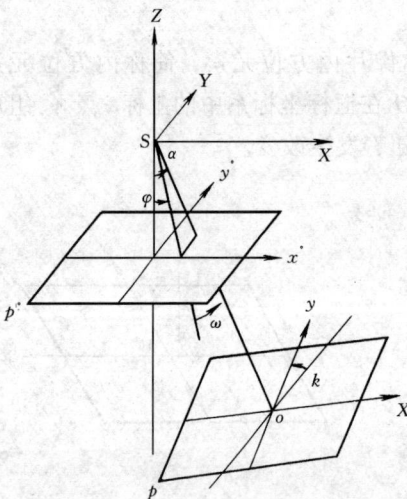

图 1-17 立体测图的外方位元素

1.5 航摄像片的像点坐标关系式

前面我们利用几何作图方法讨论了像点与地面点之间的透视对应关系。下面从解析的角度推导像点与地面点间的坐标关系式。这些关系式是航空摄影测量的基本公式。

1.5.1 单像测图的像点坐标关系式

假设像点 a 在以主纵线为 y 轴，等角点 c 为坐标原点的像片坐标系中的坐标为（x_c、

y_c）；像点 a 的对应点 A 在以基本方向线为 Y 轴，等角点 c 的对应点 C 为坐标原点的地面坐标系中的坐标为（X_C、Y_C）。它们之间的坐标关系可以从图 1-18 推导出。

由图 1-18 可知：

$$a \text{ 点} \begin{cases} x_c = aa' \\ y_c = ca' \end{cases} ; \quad A \text{ 点} \begin{cases} Xc = AA' \\ Yc = CA' \end{cases}$$

在图 1-18 中的主垂面内，分别通过 a' 点和等角点 c 作水平直线，与主垂线 Sn 正交得点 K 和 $o°$，再过等角点 c 作铅垂线，与直线 $a'K$ 相交，得 G 点，于是：

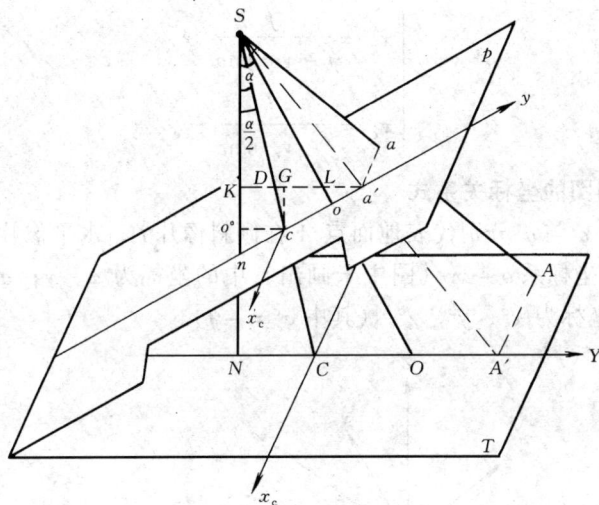

图 1-18 像点和相应物点的坐标关系

$$So° = So = f$$
$$Ko° = cG = y_c \cdot \sin\alpha$$

在三角形 $a'cD$ 中，$\angle a'cD = \angle a'Dc = 90° - \dfrac{\alpha}{2}$

所以 $\triangle a'cD$ 为等腰三角形，即 $a'D = ca' = y_c$

因为 $\triangle SAA' \backsim \triangle Saa'$，$\triangle SA'C \backsim \triangle Sa'D$，$\triangle SA'N \backsim \triangle Sa'K$ 故有：

$$\frac{X_c}{x_c} = \frac{SA'}{Sa'} = \frac{Y_c}{y_c} = \frac{SN}{SK} \tag{a}$$

又因 $$SN = H$$
$$SK = So° - Ko° = f - y_c \cdot \sin\alpha$$

代入式（a），则：

$$\frac{X_c}{x_c} = \frac{H}{f - y_c \cdot \sin\alpha} \tag{b}$$

$$\frac{Y_c}{y_c} = \frac{H}{f - y_c \cdot \sin\alpha} \tag{c}$$

将（b）、（c）两式分别整理便可得到下列坐标关系式：

$$\left.\begin{array}{l} X_c = \dfrac{H}{f - y_c \cdot \sin\alpha} \cdot x_c \\[3mm] Y_c = \dfrac{H}{f - y_c \cdot \sin\alpha} \cdot y_c \end{array}\right\} \tag{1-2}$$

式（1-2）就是倾斜像片上像点与其地面相应点之间的坐标关系式。根据此式也可以方便地推出同摄影站倾斜像点与水平像点间的坐标关系式：

$$\begin{cases} x_c{}^\circ = \dfrac{f}{H} \cdot X_c \\[3mm] y_c{}^\circ = \dfrac{f}{H} \cdot Y_c \end{cases} \tag{1-3a}$$

即：

$$\begin{cases} x_c{}^\circ = \dfrac{f}{f - y_c \cdot \sin\alpha} \cdot x_c \\[3mm] y_c{}^\circ = \dfrac{f}{f - y_c \cdot \sin\alpha} \cdot y_c \end{cases} \tag{1-3b}$$

1.5.2 立体测图的坐标关系式

在图 1-19 中，a 与 a° 分别代表地面点 A 在倾斜像片 P、水平像片 P° 上的构像。现假定 a 点在其像平面坐标系 $o-xy$（图中未画出）中的坐标为 x、y；a° 点在其像空间坐标系 $S-x^\circ y^\circ z^\circ$ 中的坐标为 x°、y°、z°，（其中 $z^\circ = -f$）。

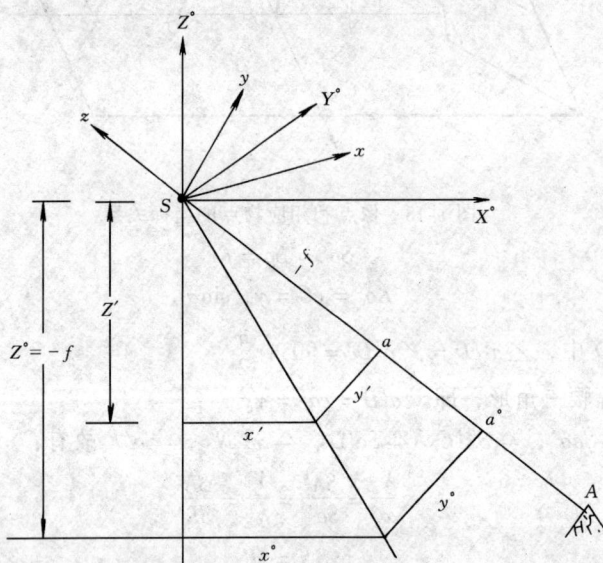

图 1-19

为了建立 a 与 a° 的坐标关系，首先需要建立倾斜像片 P 的像空间坐标系 $S-xyz$。该坐标系以 S 为坐标原点，主光线为 z 轴、x 轴、y 轴分别与坐标系 $o-xy$ 的 x 轴、y 轴平行。此时，a 点在 $S-xyz$ 坐标系中的坐标为 x、y、$-f$，在 $S-x^\circ y^\circ z^\circ$ 坐标系中的坐标为 x'、y'、z'，且两者之间存在如下关系：

$$\begin{bmatrix} x' \\ y' \\ z' \end{bmatrix} = \begin{bmatrix} \cos\varphi & 0 & -\sin\varphi \\ 0 & 1 & 0 \\ \sin\varphi & 0 & \cos\varphi \end{bmatrix} \begin{bmatrix} 1 & 0 & 0 \\ 0 & \cos\omega & -\sin\omega \\ 0 & \sin\omega & \cos\omega \end{bmatrix} \begin{bmatrix} \cos\kappa & -\sin\kappa & 0 \\ \sin\kappa & \cos\kappa & 0 \\ 0 & 0 & 1 \end{bmatrix} \begin{bmatrix} x \\ y \\ -f \end{bmatrix} \tag{1-4}$$

或简写为：

$$\begin{bmatrix} x' \\ y' \\ z' \end{bmatrix} = \begin{bmatrix} a_1 & a_2 & a_3 \\ b_1 & b_2 & b_3 \\ c_1 & c_2 & c_3 \end{bmatrix} \begin{bmatrix} x \\ y \\ -f \end{bmatrix} \tag{1-5}$$

式中，

$$\left. \begin{aligned} a_1 &= \cos\varphi\sin\kappa - \sin\varphi\sin\omega\sin\kappa \\ a_2 &= -\cos\varphi\sin\kappa - \sin\varphi\sin\omega\cos\kappa \\ a_3 &= -\sin\varphi\cos\omega \\ b_1 &= \cos\omega\sin\kappa \\ b_2 &= \cos\omega\cos\kappa \\ b_3 &= -\sin\omega \\ c_1 &= \sin\varphi\cos\kappa + \cos\varphi\sin\omega\sin\kappa \\ c_2 &= -\sin\varphi\sin\kappa + \cos\varphi\sin\omega\cos\kappa \\ c_3 &= \cos\varphi\cos\omega \end{aligned} \right\} \tag{1-6}$$

经过上述旋转变换后，点 a 与 $a°$ 均位于同一坐标系中，由图 1-19 可知：

$$\begin{bmatrix} x° \\ y° \\ z° \end{bmatrix} = -\frac{f}{Z'} \begin{bmatrix} x' \\ y' \\ z' \end{bmatrix} = -\frac{f}{Z'} \begin{bmatrix} a_1 & a_2 & a_3 \\ b_1 & b_2 & b_3 \\ c_1 & c_2 & c_3 \end{bmatrix} \begin{bmatrix} x \\ y \\ -f \end{bmatrix} \tag{1-7}$$

将式 (1-7) 展开，得：

$$\left. \begin{aligned} x° &= -f\frac{a_1 x + a_2 y - a_3 f}{c_1 x + c_2 y - c_3 f} \\ y° &= -f\frac{b_1 x + b_2 y - b_3 f}{c_1 x + c_2 y - c_3 f} \end{aligned} \right\} \tag{1-8}$$

式 (1-8) 就是倾斜像点 a 与水平像点 $a°$ 之间严密的坐标关系式。

对于近似的垂直摄影而言；φ、ω、κ 均为小角度，因此式 (1-6) 中各三角函数，可以用 $\sin x \approx x$，$\cos x \approx 1$ 代换。代换后，只取一次项，再代入式 (1-8) 中。然后按级数展开，并略去二次小值项，经整理后得：

$$\left. \begin{aligned} x° &= x + \left(f + \frac{x^2}{f} \right)\varphi + \frac{xy}{f}\omega - yk \\ y° &= y + \frac{xy}{f}\varphi + \left(f + \frac{y^2}{f} \right)\omega + xk \end{aligned} \right\} \tag{1-9}$$

式 (1-9) 为倾斜像片与水平像片相应像点间的坐标关系近似公式。分析该式也可以看出，它是外方位元素的角元素 φ、ω、κ 对像点坐标影响的近似公式。

1.6 航摄像片的像点位移

航空摄影时，由于像片倾斜、地面起伏两个因素的影响，航摄像片的像点与理想状况下的点位不一致，这种像点与其理想点位之间的差异，称为像点位移。

1.6.1 像片倾斜引起的像点位移

图 1-20 为同一摄影站摄取的水平像片和倾斜像片。图中地面任意点 A 在上述两像片

上的像点为 $a°$ 和 a，$h_c h_c$ 为等比线；$cv°$ 与 cv 分别是主垂面与 $p°$ 和 p 两像片的交线；等角点 c 与相应像点 $a°$ 和 a 所连方向线与等比线所夹的角 $\varphi°$ 和 φ 称为方向角。可以证明：以等角点 c 为顶点的相应夹角相等，即 $\varphi° = \varphi$。

若以等比线为旋转轴，使图 1-20 的两像片 $p°$ 和 p 叠合。因为 $\varphi° = \varphi$，于是相应点 $a°$ 和 a 必然在通过等角点 c 的同一条方向线上（见图 1-21），但是 a 与 $a°$ 并不重合，这种因像片倾斜所引起的位移称为倾斜误差，以 $\delta\alpha$ 表示。

令 $ca - ca° = \delta\alpha$，$ca = r$，$ca° = r°$，则：

$$\delta\alpha = r - r° \tag{a}$$

由直角三角形 $a°c_1c$ 可知，$r° = \dfrac{y°}{\sin\varphi}$，所以：

$$\delta\alpha = r - \frac{y°}{\sin\varphi} \tag{b}$$

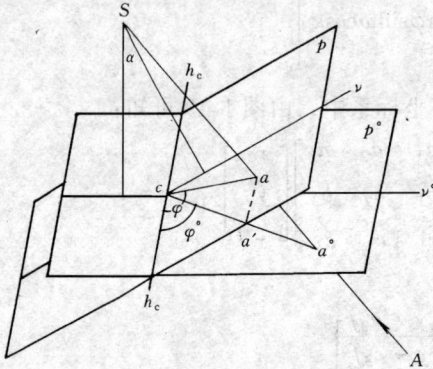

图 1-20　倾斜误差的特性　　　　　图 1-21　叠合像片显示的倾斜误差

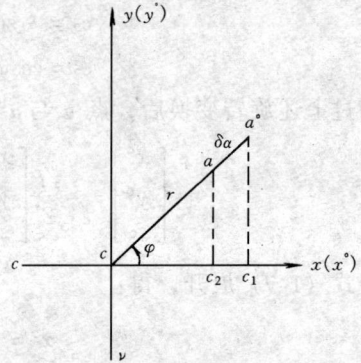

从式（1-3b）中知：$y° = \dfrac{f \cdot y}{f - y \cdot \sin\alpha}$，在图中直角三角形 ac_2c 中有：$y = r \cdot \sin\varphi$，于是将 y 代入 $y°$ 式中，便得：

$$y° = \frac{f \cdot r \cdot \sin\varphi}{f - r \cdot \sin\varphi \cdot \sin\alpha} \tag{c}$$

将（c）式代入（b）后可得：

$$
\begin{aligned}
\delta\alpha &= r - \frac{f \cdot r \cdot \sin\varphi}{(f - r \cdot \sin\varphi \cdot \sin\alpha)\,\sin\varphi} \\
&= \frac{f \cdot r - r^2 \cdot \sin\varphi \cdot \sin\alpha - f \cdot r}{f - r \cdot \sin\varphi \cdot \sin\alpha} \\
&= -\frac{r^2 \cdot \sin\varphi \cdot \sin\alpha}{f - r \cdot \sin\varphi \cdot \sin\alpha}
\end{aligned}
$$

由于近似垂直摄影像片的倾斜角 α 是个小角（一般 $\alpha \leqslant 2°$），所以上式分母第二项为微小值，可以忽略不计。由此得出倾斜误差的实用公式为：

$$\delta\alpha = -\frac{r^2}{f} \cdot \sin\alpha \cdot \sin\varphi \tag{1-10}$$

对于一张像片来说，式（1-10）中的 f、α 是定值，因而向径 r 相等的各像点的倾斜误差 $\delta\alpha$，其大小取决于 $\sin\varphi$ 值的大小。位于主纵线上所有像点的 $\varphi = 90°$ 或 $270°$，而 $\sin\varphi$ 的绝对值最大为 1（$|\sin\varphi|_{最大} = 1$），所以，最大的倾斜误差的计算公式为：

$$|\,\delta\alpha\,|_{最大} = \frac{r^2}{f} \cdot \sin\alpha$$

从倾斜误差公式可知，航摄像片的倾斜误差，边缘部分比中心部分大。当向径 r 相等时，位于主纵线上各像点的倾斜误差为最大。因为等比线的方向角 $\varphi = 0$ 或 $180°$，$\sin\varphi = 0$，所以 $\delta\alpha = 0$。这就说明等比线上所有像点的倾斜误差等于零，从而证明了等比线的特性。

由于航摄像片的影像存在着倾斜误差，所以，在平坦地区只有当消除倾斜误差后，地面点在像片上的影像位置才是正确的；这样的像片才能当作平面图使用。

1.6.2 地面起伏引起的像点位移

我们在分析像片倾斜引起的像点位移时，是假定地面 T 为水平平面（即平坦地面）。但当地面起伏时，由于中心投影的关系，像片上的像点还会产生另一种性质的位移：即高出或低于基准面点的像点所产生的位移。这种因地面起伏引起的像点位移，叫做投影误差（简称投影差），以 δh 表示。

在图 1-22 中，T 为某一高程的水平基准面，S 为投影中心，A 为地面任意点，它对于基准面 T 的高差为 Δh，其垂直投影点为 $A°$；A 和 $A°$ 点的相应像点分别为 a 和 $a°$ 点，显然，$aa°$ 即为 A 点因高差 Δh 所引起的像点位移 δh。

因为 $p°$ 面平行于 T 面，故而 $\triangle AA'A° \backsim \triangle San$。于是：

$$\frac{\delta T}{r} = \frac{\Delta h}{f}, \quad 即：$$

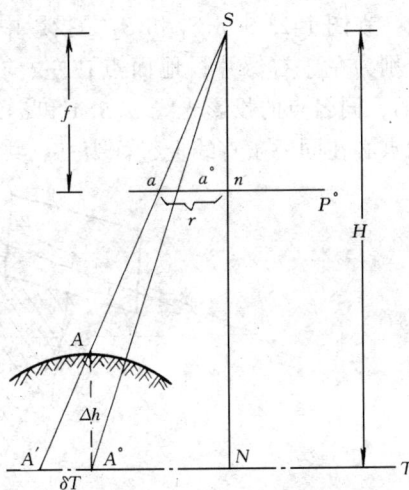

图 1-22 像点的投影差

$$f \cdot \delta T = \Delta h \cdot r$$

若等号两侧同除以 H，则有：

$$\frac{f \cdot \delta T}{H} = \frac{\Delta h \cdot r}{H}, \quad 即：$$

$$\delta h = \frac{\Delta h \cdot r}{H} \tag{1-11}$$

综上所述分析，我们可以知道：

投影差产生在像底点 n 与像点连线的方向上。

投影差为正值时，像点背着像底点位移；投影差为负值时，像点朝向像底点位移。

投影差与高差 Δh 成正比；向径 r 相同的像点，其高差绝对值越大，则投影差越大；位于基准面处的像点，其投影差为零。

投影差与向径 r 成正比，当高差 $\triangle h$ 相等时，像片边缘部分的投影差大，位于像底点处的像点，其投影差为零。

投影差与航高 H 成反比，因为 $H = f \cdot m$，当航摄比例尺 $\frac{1}{m}$ 一定时，则长焦距航摄像片上像点的投影差小，短焦距航摄像片上像点的投影差大。

还需指出的是，倾斜像片上像点的投影差计算公式与式（1-11）肯定是不一致的。但实践证明，两者的差值非常小，因此可以忽略不计，所以在生产作业中，都是以式（1-11）来计算像点投影误差的，而不去考虑像片是否水平。

1.7　像对的立体观察和立体量测

1.7.1　航摄像对的基本点、线、面

在相邻两个摄影站对同一物体进行摄影，获得了具有一定重叠度的两张像片，这两张像片称为立体像对，简称像对。在立体摄影测量中，像对是其最小的作业单元。因此研究航摄像对有哪些基本点、线、面是非常有必要的。

在图 1-23 中，S_1 和 S_2 是投影中心（摄影站），直线 S_1S_2 称为摄影基线 B；p_1 和 p_2 分别为左、右像片；地面点在左、右像片上的构像是 a_1 和 a_2 点（a_1、a_2 点称为同名点），同名点的投影光线 a_1S_1A 和 a_2S_2A 称为同名光线；在摄影瞬间，像点、投影中心和物点必在同一条直线上，称为三点共线。

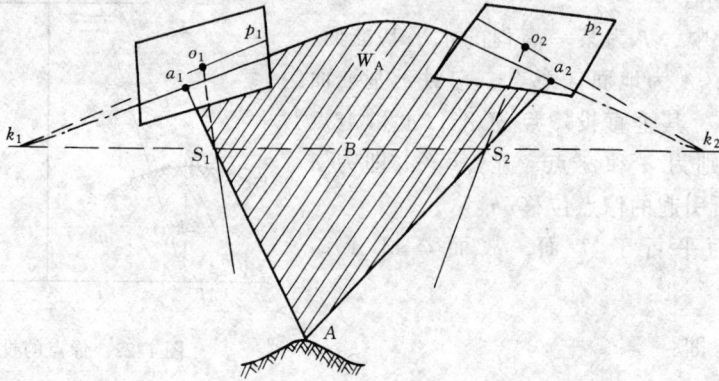

图 1-23　核面、核线与核点

摄影基线与任一地面点构成的平面，称为该点的核面。图 1-23 中的平面 W_A 就是 A 点的核面。显然，每个核面都是由摄影基线 B 和一对同名光线构成的，这种现象称为三线共面。

一个像对有无穷多个核面，它们构成了以摄影基线为共同轴的平面线束。包含底点光线的核面称为垂核面。因为，像对的两个底点的光线共面，所以垂核面只有一个。包含主光线的核面称为主核面，像对的两条主光线一般不共面，所以左、右像片各有其主核面。通常只有标准像对的两条主光线位于同一平面内，此时左、右两主核面才重合成一个主核面。

核面与像面的交线称为核线。同一个地面点在左、右两张像片上的核线，称为同名核线。显然，同名像点必位于其同名核线上，如图 1-23 中 a_1、a_2 点在其同名核线上。

摄影基线 B 与像面 p_1、p_2 分别相交于 k_1、k_2 点，称为核点。当像片与摄影基线不平行时，像面上的核线构成会聚于核点的平面直线束。当像片与摄影基线平行时，核点在像片的无穷远处，此时像片上的所有核线互相平行。

1.7.2　像对的立体观察

在日常生活中，我们观察一切事物都是用双眼同时进行的，能自然地分辨出物体的空

间形态、远近和大小，这是因为人的眼睛也是按中心投影的构像方式在左、右眼睛的视网膜上分别获得了空间物体的影像。又由于人们在观察空间物体时，人的双眼从左、右两边稍有差别的角度进行观察，因此被观察的物体在人的左、右视网膜上所形成的光学影像存在差异，这种差异称为双眼生理视差。即 $\eta = \overbrace{a_1'b_1'} - \overbrace{a_2'b_2'}$，如图 1-24 所示。

利用人眼立体视觉原理，在两眼 S_1、S_2 前安置两块玻璃片 p_1、p_2，把看到的物点 A、B 分别记录在 p_1、p_2 上（也可用摄影的方法得到像片 p_1、p_2）。A、B 点在 p_1 片上为 a_1、b_1；在 p_2 片上为 a_2、b_2。然后恢复 p_1 和 p_2 两片的相对位置，用左眼看左片 p_1，右眼看右片 p_2，此时，在两眼内同样可以获得相应的生理视差（如图 1-25），且得到与直接观察物体时相同的立体感觉。示意图中的两片 p_1、p_2 是一像对，其同名视线延长相交出山坡的空间点 A、B，这种通过立体视觉得出的空间形态，称为视觉立体模型。A、B 这部分山坡的视觉立体模型是虚模型。这种由像对代替实物进行的立体观察，称为像对立体观察（或人造立体观察）。

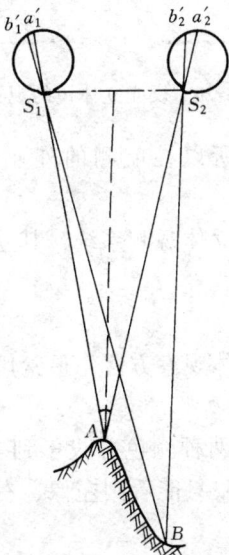

图 1-24 立体观察

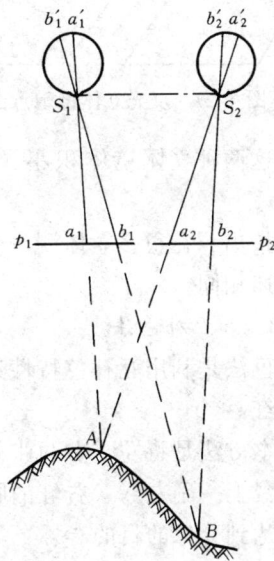

图 1-25 像对立体观察

综合以上所述用像片进行立体观察时，必须满足下列三个条件才能看到清晰、稳定的视觉立体模型：

（1）必须是一个像对

（2）必须分像

保证两眼同时各看一张像片：即左眼看左像片，右眼看右像片。

（3）像片要安置正确

同名像点的视线与眼基线共面。

1.7.3 立体观察方法

在实现像对立体观察的三个条件中，最困难的条件是一只眼睛看一张像片的问题，因为它违背了人们日常观察自然界景物时眼的交会本能的习惯，下面讨论的是摄影测量中常用的几种立体观察方法，它们能有效解决分像难题。

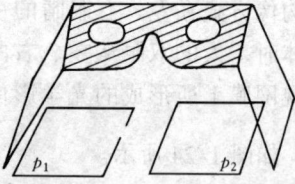

图 1-26 桥式立体镜示意图

1.7.3.1 立体镜法

立体镜具有分像和放大两个功能，借助于它可看到清晰、放大的立体模型。

立体镜分为桥式立体镜和反光立体镜两类。

桥式立体镜由两个凸透镜和一副可伸缩的框架组成（如图 1-26 所示），其结构简单、轻便，但放大倍率小，观察基线伸缩值有限，只能看到像对的一部分。

反光立体镜除透镜和框架外，还有两副成 45°对称装配的平面镜（如图 1-27 所示）达到拉开像片距离、扩大视场的目的。反光立体镜的观察视线如图 1-28 所示。

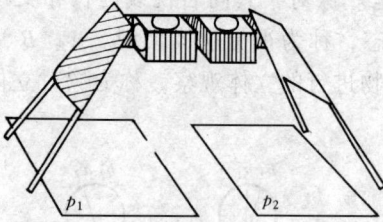

图 1-27 反光立体镜示意图

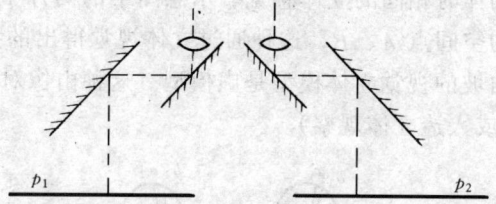

图 1-28 反光立体镜的观察视线

由于这两种立体镜体积小、重量轻、便于携带，所以在航测的外业工作中常常使用。

顺便指出，在很多立体测量仪器上采用双筒显微镜立体观测系统，其立体观察原理基本上与上述相同。

1.7.3.2 互补色法

互补色法是利用互补色特性达到分像目的的一种立体观察方法。最常用的一对互补色为绿与品红。

其基本方法是将左、右两张像片分别带上绿、品红两种颜色并投影到一个承影面上，观察者也戴上一副左绿、右红的眼镜，此时，观察者左眼只能看到左像，右眼只能看到右像，从而达到分像的目的。

1.7.3.3 基于微机的立体观察的方法

就目前情况而言，在计算机上实现人造立体观察主要有分光法和场分隔法两种。

分光法：即把左、右两张像片显示在计算机屏幕上的不同位置或两个屏幕上，借助光学设备按照立体观察条件，使左、右眼分别只看到相应一张像片。或者把它们再投影到一个屏幕上，用偏振光眼镜进行观察。Leica 公司推出的 DVP 数字摄影测量工作站采用的就是这种立体观察方式。

场分隔法：该方法是将两张像片按场序交替显示，观察者戴上液晶眼镜，液晶眼镜在显示屏与观察者之间分别设置一个像场遮光同步快门。该快门受逻辑控制电路控制，逻辑电路的同步信号取自计算机的显示接口。在显示屏显示左像片期间，打开左眼液晶显示快门并关闭右眼液晶快门；同理，在显示屏显示右像片期间，打开右眼液晶显示快门并关闭左眼液晶快门，从而获得立体视觉。

1.7.4 像对的立体量测

在航测成图中，有相当一部分成果要通过立体量测获得，即利用像对建立立体模型，然后在模型上用测标进行量测，以求出像点的坐标、高程或测绘等高线。在立体观察下，使测标与模型点相切（测标对准模型点，并与其同高），就可以从仪器相应的分划尺上读出量测结果。

立体量测使用的测标有两种，一种是单测标，另一种是双测标，后者使用最为普遍。

两个测标分别与像对中的一对同名点对应，当两测标横向相对移动时，在立体观察下，就成为一个在升高或降低的空间浮游测标。当它与模型相切时，就可读出所需的量测结果。比如在反光立体镜下进行立体观察时，由同名像点的视线相交构成一个虚模型，当两个测标分别对准像对中的同名像点 a_1、a_2 时（如图 1-29 所示），两个测标的同名视线相交成一个空间虚测标，并与模型上的 A 点相切。转动视差螺旋，使其中一个测标沿 x 方向离开 a_1 点移到 1 或 2 的位置上，那么，空间虚测标将低于或高于该模型点而位于模型中 1 或 2 的空间位置上。

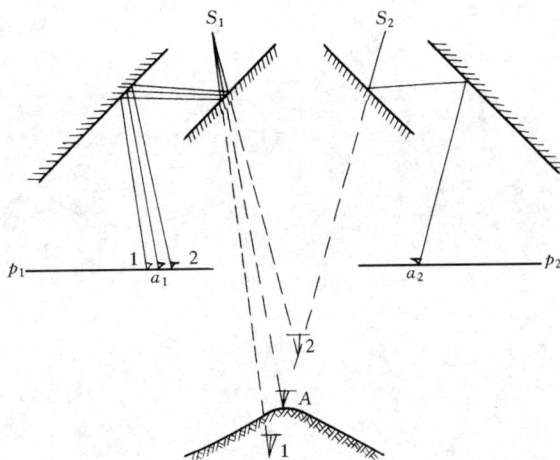

图 1-29 立体量测示意图

立体量测时，通过视差螺旋，将测标在 x 方向相对移动（即改变两测标间的距离），可使立体测标切准任何一个模型点，并在分划尺上读出相应的量测数据，从而可供解算该点高程或平面坐标用。

复 习 思 考 题

1. 摄影测量的分类。

2. 航空摄影测量的简要过程。

3. 摄影机镜头的特性。

4. 黑白感光材料的特性。

5. 航摄像片的主距、航高、比例尺、框标、倾斜角、重叠度。

6. 航摄像片的几何特性及成像规律。

7. 中心投影基本点、线、面的特性及其在中心投影作图上的应用。

8. 如何区分航摄像片的内、外方位元素？

9. 倾斜像片上的像点与相应地面点的坐标关系。

10. 倾斜像片上的像点与同摄影站水平像片上相应像点的坐标关系。

11. 倾斜像片上像点位移的特性和解决办法。

12. 投影差公式及其在作业中的应用。

13. 为什么利用像对可以观察到立体模型？

14. 当测标与模型相切时，测标点与同名像点的坐标有什么关系？

第 2 章　航摄像片的调绘

航摄像片的调绘，就是根据像片上的影像特征进行像片判读，在与实物对照比较和调查后，将地形图上需要表示的地物、地貌和地理名称及有关说明注记等，按成图比例尺的要求，正确地描绘和注记在像片的相应影像上，同时把地面上新增或被影像遮挡的地物补测到像片上；最后，进行接边和检查。这就是像片调绘的全部工作。

2.1　航摄像片的判读

航摄像片的判读（简称像片判读）就是根据像片上地物影像的特征来识别地物的实质内容。像片判读按其目的来分，有专业判读和地形判读两类。

专业判读是为某种专门需要而进行的像片判读。例如：林业判读可估算森林面积、树林的种类和木材储量；地质判读可判别出断层走向、断裂带位置、区域构造、地层分布、岩石类型等供地质调查找矿、勘查地下水和进行地震地质研究；军事判读可侦察敌、我双方的军事态势，识别敌方的伪装，判读出机场、炮阵地、弹药库、军事工厂等各类军事目标的规模和布局，兵员的调动、布置等；此外，还有农业、土壤、水利、畜牧业、灾情以及地籍、房产等类的专业判读。

地形判读是以测制各种比例尺的地形图为目的，来识别出地形图所需要的各类地物、地貌要素在像片上正确位置的像片判读。这也是本章主要讲述的内容之一。

观察航摄像片，可以感觉到影像的几何特征（形状、大小）和物理特征（色调、阴影）。此外，像片也如实地反映出物体间相互联系的规律，这些都是识别像片影像的依据，且统称为像片判读特征。

2.1.1　影像的形状

航摄像片上各种影像的形状，是地表上各类物体外部轮廓的俯视图像。它们均按中心投影的成像规律，在像片上呈现出相应的几何形状。显然，平面物体与非平面物体在像片上的构像，其形状就不相同。所以，影像的形状是像片判读的重要特征之一。

平坦地面上的平面物体，在近似垂直摄影像片上的影像形状，与该物体平面形状基本相似。例如：操场、打谷场、球场、道路、田埂和水渠等。

倾斜面上的平面物体，由于投影差的影响，使影像的形状变形，且相邻像片上同名影像的形状也不相同。假设某山岳的东、西两侧有等倾斜（$A°B = A°D$）的坡度，在相邻两张像片上，$a_1b_1 > a_1d_1, a_2b_2 < a_2d_2$，这便说明朝向底点一面山坡的影像变宽，另一面都缩短了，如图 2-1。因此，在山坡上的旱地、草地或矮灌木林等的形状，会产生类似的变形。

高出地面的物体，例如烟囱、房屋、堤、独立树等，在像片上构像的形状，随投影差的大小而改变。因为物体的高度和影像的位置（向径）不同，其顶部影像的位移值就各

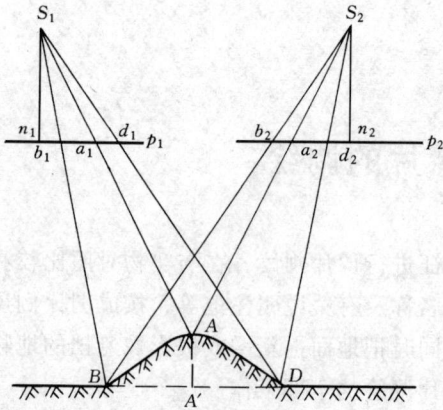

图2-1　山坡影像变形

异。假设有几座高度和大小皆相同的烟囱，它们在像片不同的位置上构像，其影像形状就各不相同，如图 2-2 所示。如果烟囱底部位于基准面上，那么靠近像底点的影像才是地面上的正确位置。

根据影像的形状特征，如道路、河流等线状或带状地物，居民地、湖泊、耕地、树林等面状地物，它们在像片上是较容易区分的。但是，有时仅仅依据影像的形状，还不足以得出准确的判读结论，常需应用其他判读特征。

2.1.2　影像的大小

各类物体在像片上构像大小，决定于像片比例尺。知道了像片比例尺，就可以大致地确定地面上相应物体的大小。因此，对形状相同的影像，可参考其大小进行判读。

但是，物体表面的亮度，也会影响到影像的大小，例如，平整干燥的场地或小路，在像片上的构像较白，显得比其应有的大小要大一些或宽一些。反之，粗糙潮湿的地物影像较暗，显得比应有的大小要小一些或窄一些。这说明影像的色调对大小也有一定影响。

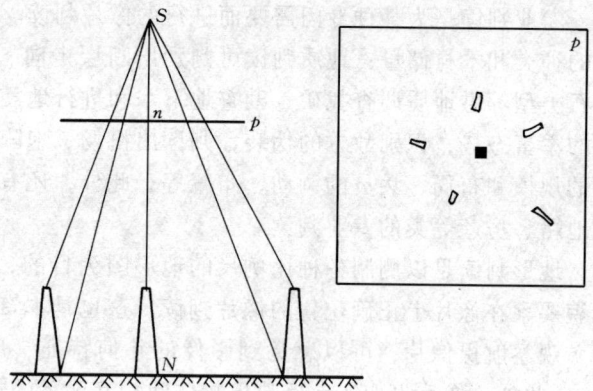

图 2-2　高度相同的烟囱影像形状变化图

2.1.3　影像的色调

物体表面的亮度和颜色是丰富多彩的，但在黑白航摄像片上，它们是由从黑到白的深浅色调来表示的。通常，像片上最白的部分，相当于最亮的目标。物体影像的边界是否清晰，与物体和其周围影像的色调有关，色调受物体表面的照度、含水量、颜色、平整程度和摄影季节等因素影响。现择要介绍如下：

物体表面受光量多时，照度大，亮度就大，影像色调变浅；反之，影像色调就深。例如，一幢多坡面屋顶的房屋，其照度不同，屋顶各部分的色调也不同。

相同的物体，当其含水量不同时，它们的影像色调就有深浅。例如，一块地，一部分干的，另一部分是湿的，前者反射光线多，因此影像色调比后者的要浅。

不同颜色的物体，在像片上呈现不同的色调。例如：物体表面颜色为白、黄时，影像的色调呈白、浅灰色；当物体表面颜色为红、灰色时，影像的色调呈灰色；当物体表面的颜色为绿、黑时，影像的色调为深灰色、黑色。

物体表面结构平整程度，影响到反光能力的强弱，使影像的色调产生差别。比如表面平整光滑要比表面粗糙的物体明亮，因为前者反射光线方向性强，后者呈漫反射，散失光量多，所以打谷场比耕地的影像色调要浅。

某些物体随季节而改变颜色，因此，在像片上的影像色调也不同。例如，阔叶树林，春季为浅绿色，夏季绿色，故其影像的色调春季比夏季为浅。

2.1.4 影像的阴影

航空摄影一航在天气晴朗时进行，因此，高出或低于地面的物体都有阴影。

根据阴影的性质，可以分为阴形和落影：阴形是指阳光照射不到的物体背光部分，这是属于物体本身不可分割的一部分；落影是指该物体投到地面（或其他物体）上的黑影在像片上的构像。例如，房屋就既有阴形，也有落影。像片判读时一定要把两者区分清楚，否则，直接影响到该地物的形状、大小和它在像片上的正确位置。

由图 2-3 的独立树在一张像片或相邻像片上的构像现象可知，树影像的大小和方向不一致。这主要取决于该树木距像底点的远近和在像片上位置的不同。落影在像片上的方向是一致的，如图 2-4 所示，白色代表树的影像，黑色为树的落影。

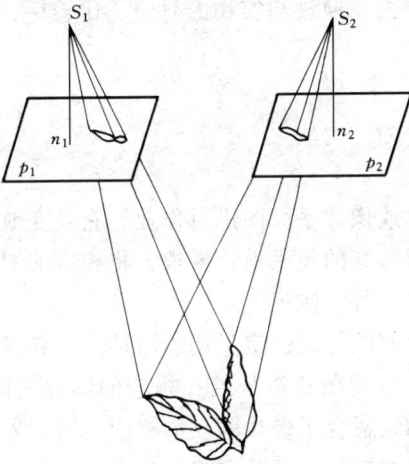

图 2-3 独立树的构像

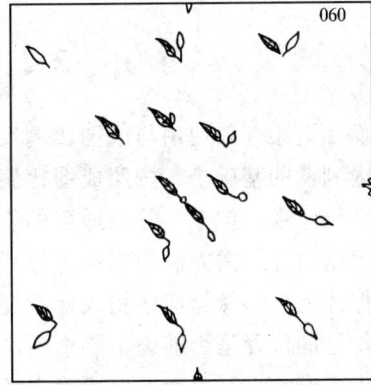

图 2-4 树的影像和落影规律

影像的阴影具有重要的作用，它使高出地面的物体较易判读。当物体影像比较小或与周围影像的色调差别不明显时，充分利用该物体的落影就更重要了。例如，电杆的影像很小，与周围影像色调近似，难于判读，但通过电杆落影的形状，可以迅速的判读出该电杆在地面上的准确位置。在有些情况下，阴影也会给像片判读带来不利的影响。例如，高大建筑物或树木的阴影会遮盖掉小的重要地物等。

落影的大小、长短与阳光照射的角度和物体所在面的坡度有关。早、晚阳光斜射，物体的落影大；中午阳光接近直射，落影小。高度（或大小）相同的物体，在不同坡度的

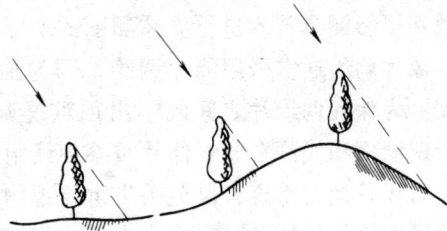

图 2-5 地面坡度可改变落影的长短

地面上，落影的长短也不同，例如，图 2-5 中等高的三棵树，其落影长短不一。所以，不能单纯的以落影的长短来判断地物的高矮，只有在平地上，落影的长短才有参考价值。

2.1.5 影像的相关位置

自然界中，各类物体之间总是相互联系着的。掌握这种相互位置的规律，就可以由易于识别的物体影像，进而判读另一类物体。例如：当判读出铁路与河渠相交时，可以判读出桥梁的位置和性质；公路与河沟相交处，不是桥就是涵洞。当大车路到山脚终止，可判读出山洞或泉的位置。

通向河边的道，又从对岸延伸，该处必有渡口或徒涉场；

沿河边带状的影像，可能是防洪堤；

村内或耕地旁边几条小路相交之处，可能有水井。

上述五个判读特征中，形状、大小、色调和阴影是直接的判读特征，相关位置是间接的判读特征。像片判读中，应根据具体情况，综合地运用上述各种判读特征。

像片判读的工作流程一般是先室内后野外。即特征明显、影像清晰的影像，都可用铅笔先将它们表示出来；对于细小的或比较隐蔽的地物可借助立体镜，在立体观察下进行判读；而对于那些在室内无法判读的影像则应到野外去，通过与实物的对照、比较后，再确定它们的性质和内容。

2.2 像 片 调 绘

像片调绘一般使用与成图比例尺相近的放大片或像片平面图进行作业，它是在航摄像片室内判读的基础上，按照成图比例尺和测区地形要素的技术设计要求，将相应的图式符号分别绘注在影像上，并在适当的位置上进行文字、数字注记。

根据像片测图方法的不同，像片调绘分为定性调绘与定性定量调绘两种。前者只需要确定像片上各影像是何地物或地貌要素，然后把相应的图式符号绘在相应的影像上即可。至于符号的位置是否准确，要求不高。这种定性调绘适合于像片的立体测图，通常采用放大片进行作业。而后者不仅要确定像片上各类影像的属性，而且要将不位于高程起始面上的物体影像进行投影差的改正，绘注相应图式符号时，要求位置准确无误。因此定性定量调绘适应于像片平面图测图，一般采用像片平面图进行调绘。

鉴于这两种调绘方法的作业内容是完全一致的，不同之处仅在于是否需要对所调绘内容的位置进行定量，换句话讲，定性定量调绘是定性调绘的一个特例。因此本章将以定性调绘为主介绍大比例尺像片调绘的作业方法。这种考虑也是完全符合目前生产单位广泛使用数字摄影测量技术进行立体测图的实际情况。

像片调绘通常采用隔片调绘，因为抽掉部分像片后，相邻像片仍有约 10% 左右的重叠度。为保证调绘片之间既不出现重复调绘又不出现漏洞，需要在像片上绘出调绘面积线。调绘面积线画在调绘像片重叠中线附近，此线要尽量避免分割居民地和独立地物，亦不应与线状地物重合，以免丢失重要地物和减少接边工作量。平坦地区画直线或折线，起伏地区调绘像片的东、南边为直线或折线，西或北边线依邻片立体转绘，一般为曲线（因为地面投影差的影响），如图 2-6 所示。

2.2.1 测量控制点的调绘

测量控制点包括：三角点、导线点、GPS 点及水准点等。对于平面控制而言，由于它们都有坐标，因此可在立体测图或制作像片平面图时展绘到图纸上，并注记相应的符号、点名和高程。调绘水准点时，由于它没有坐标，只能按照点之记的指示，到实地找到其点

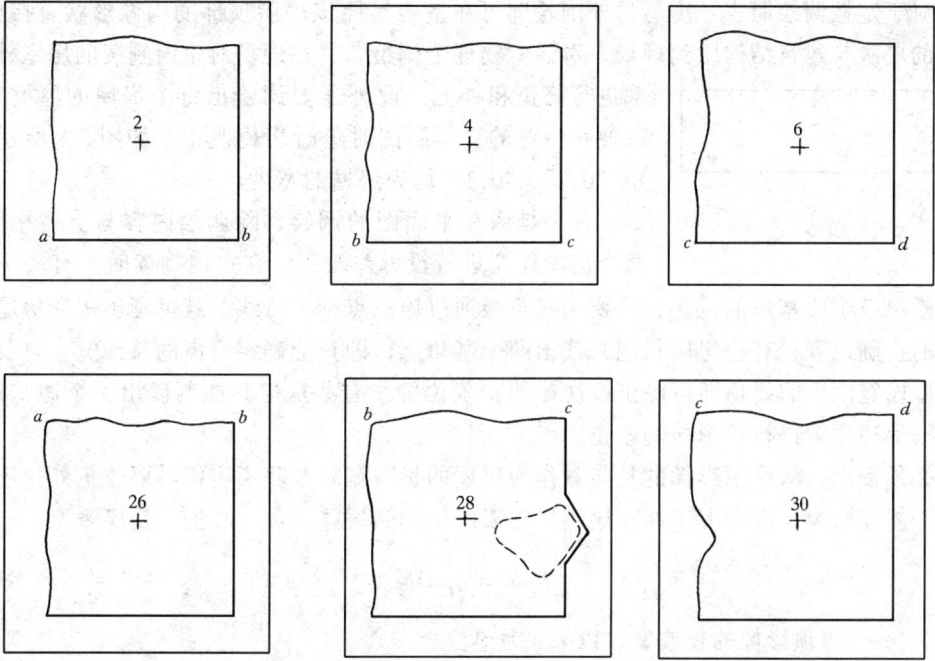

图 2-6　调绘面积线示意图

位。量测水准点与邻近相关地物的实地距离，并将它示意地表示在调绘片上，如图 2-7 所
示。

如果是像片平面图测图，则可按新增地物
处理，直接补测到像片平面图上。

2.2.2　独立地物的调绘

独立地物通常是指具有方位作用的单个物
体。如：烟囱、水塔、宝塔等。这类物体由于
占地不多，因此它们在像片上的构像不大。又
由于该类物体比较高大，它们顶部的影像将在
像底点与该物体底部影像的连线方向上发生位
移（投影差）。如果是像片平面图调绘，除了
正确选用符号外，还要对独立地物的影像进行

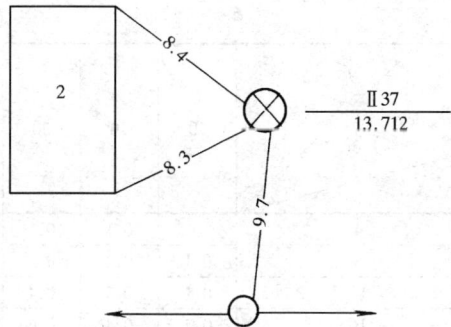

图 2-7

投影差改正，即在像片上准确定出它们的几何中心，然后绘上相应符号。若独立地物底部
的直径大于图上 2mm 时，应依比例尺画出底部轮廓线，再在中间绘上符号（符号的正方
向应朝此）。

2.2.3　居民地的调绘

居民地是大比例尺地形图上主要地物要素，调绘居民地要求正确反映各个房屋的外围
轮廓和建筑结构，房屋的轮廓线一般以墙基外角连线为准。

一般来讲，房屋顶部的形状在像片上都能较完整的显示，影像的色调与屋顶的建筑材
料有关。例如：水泥平顶、水泥瓦顶为白色；红瓦顶、青瓦顶为浅灰色和灰色；个别房屋
的平顶上涂沥青，其色调为黑色。

29

对于定性调绘而言，房屋的外围轮廓可在室内参照该房屋顶部的构像形状直接绘出。房屋的层次与建筑结构应到现场，对照实物逐个调绘，并在现场对室内判读的房屋外围轮廓进行修正和补充。此外还要调绘出每个房屋的屋檐宽度，以便在内业的立体测图时进行房檐改正，如图2-8所示。图中"0.2"、"0.3"均为房檐的宽度。

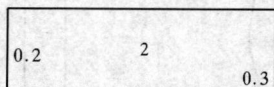

图 2-8

如果是像片平面图的调绘，除调绘内容与上述相同外，每个房屋还需进行投影差改正。在室内判读时，有些房屋可以判断出三个墙基角的位置，只要用三角板通过该三点推平行线，就可画出矩形房屋在像片上的正确位置；有些房屋只能判读出两个基角点，即只能确定房屋的长或宽，只要量取扣除屋檐宽度后的屋顶即可确定该房屋的正确位置；有些房屋只能判读出一个墙基角点，也可按上述原则进行投影差的改正。

必须提出，将屋顶影像的长与宽作为房屋的长与宽时，除了房檐需要改正外，还应加入由于屋顶影像比像尺大于地面比例尺因素所引起的误差（dl）改正，其规律为：

$$dl = \frac{l}{H_T} \Delta h \tag{2-1}$$

式中　l——屋顶影像的长或宽，以 mm 为单位；

　　　Δh——房屋高度，以 m 为单位；

　　　H_T——高程起始面的航高，以 m 为单位。

假定某像片图高程起始面的航高为860m，根据不同的房高（Δh）、房长（l）、可得 dl 改正数，见表2-1。

$H_T = 860m$　　　　　　　　　　　　　　　　　　　表 2-1

dl, mm ＼ l, mm ＼ Δh, m	10	20	30	40	50	60	70	80	90	100
4	0	0.1	0.1	0.2	0.2	0.3	0.3	0.4	0.4	0.5
8	0.1	0.2	0.3	0.4	0.5	0.6	0.7	0.7	0.8	0.9
12	0.1	0.3	0.4	0.6	0.7	0.8	1.0	1.1	1.3	1.4
16	0.2	0.4	0.6	0.7	0.9	1.1	1.3	1.5	1.7	1.9
20	0.2	0.5	0.7	0.9	1.2	1.4	1.6	1.9	2.1	2.3

分析表2-1可知，对于高大的车间、仓库、职工集体宿舍、机关单位办公楼、学校的教学楼等，dl 的数值还是比较大的。

在一张像片平面图上总还会有部分房屋的墙基角是无法判读的，这时可根据房屋的高度（Δh），及向径（r），利用公式 $\delta_h = \dfrac{\Delta h}{H_T} \cdot r$ 进行计算改正。采用计算方法进行投影差改正时，除采用上式外，也可以按分量改正法进行计算改正，其公式为：

$$\left. \begin{array}{l} \delta_{hx} = \dfrac{\Delta h}{H_T} \cdot x \\[2mm] \delta_{hy} = \dfrac{\Delta h}{H_T} \cdot y \end{array} \right\} \tag{2-2}$$

式中的 x、y 是像片平面图上 $n-xy$ 坐标系（坐标系的 x、y 方向与屋檐平行）的坐标值，可用三角板和直尺在像片图上量取。三角板、直尺和像片底点 n 与屋檐线的关系如图 2-9 所示。在 x、y 方向上改正投影差（同时减去屋檐宽）后可得到所求点的位置。

房屋经投影差改正的轮廓线与屋顶影像间的关系如图 2-10 所示。

最后还需明确指出的是，居民地调绘时，房屋一般不允许综合，应逐个表示。不同的层数，不同结构性质、主要房屋和附加房屋都应分割表示。城镇内的老居民区，房屋毗连，庭院套递，应根据房屋形式不同，屋脊高低不一，屋脊前后不齐等因素进行分割表示。

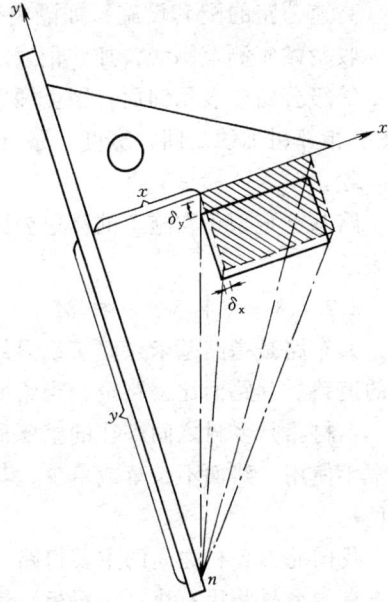

图 2-9　分量法改正投影差

2.2.4　道路的调绘

道路是陆地交通运输的主要动脉，是连接居民地的纽带，道路的种类有：铁路、公路、大车路、乡村路、小路等。

2.2.4.1　铁路

铁路包括：一般铁路、电气化铁路、窄轨铁路等，它们在像片上呈现为灰色带状影像。铁路的两侧配有排水沟，在丘陵地或山区的铁路沿线，经常可见路堤与路堑。它们向阳时，其影像为浅色带状；背阳时有阴影，色调为灰黑色。

图 2-10　房屋与屋顶影像的关系

调绘铁路需要注意的问题有：电气化铁路的电杆不分形状一律用圆圈表示；铁路附属建筑物（如信号灯等）的符号如与铁路符号发生重叠，可将铁路符号断开表示。

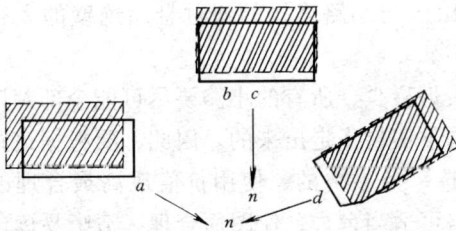

2.2.4.2　公路

公路是陆路交通运输的主要通道，转弯比铁路多而且急，故常见有十字路口与三岔路口。公路有坚固的路基，路面铺设水泥、沥青、砾石或碎石等材料，因常年通车，路面平整、宽阔，影像为白色或浅灰色带状，若有行树，则在路面两侧，可见不规则的深灰色圆形影像。

公路按其技术等级分别用高速公路、等级公路（1~4 级）、等外公路符号表示，并在图上每隔 15~20cm 注出公路技术等级代码、国家干线公路（简称国道）需注出国道路线编号，如图 2-11 所示。

公路的技术等级及其代码见表 2-2。

公路的技术等级及其代码　　　表 2-2

代码	公路技术等级	代码	公路技术等级	代码	公路技术等级
0	高速公路	2	二级公路	4	四级公路
1	一级公路	3	三级公路	9	等外公路

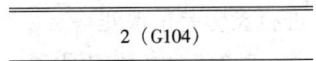

2（G104）

图 2-11

高速公路的配套设施，如隔离带、栅栏、排水沟、绿化带、铁丝网等以相应符号表示。收费站实测范围线，加注记表示。

等级公路应表示铺面（图上两粗线之间）宽度、路基（图上两细线之间）宽度和路肩（图上相邻粗细线之间）宽度。路肩宽度图上大于1mm时，依比例尺表示；小于1mm时以1mm绘出。

路基已定型正在施工的高速公路、等级公路和等外公路，以相应等级的建筑中道路符号表示。

2.2.4.3　大车路、乡村路

大车路是指路基未经修筑或只经过简单修筑的泥土路或沙土路，只能通行大车或拖拉机的道路。其路面比公路窄，当路面干燥时，影像呈白色带状。

乡村路是乡村之间来往的主要道路。一般不能通行大车或拖拉机，所以路面不宽。由于常年使用，路面不长草或草少，其影像是自然弯曲的白色细带状（如路面潮湿，则为浅灰色）。

我国北方乡村之间的主要道路，普遍都能通行大车，故一般都用大车路符号表示。在南方有的乡村路用石块（或石板）铺成。另外在山区、森林地区以及沙漠、半沙漠等荒僻地区的驮运道，也用乡村路符号表示。通过悬崖绝壁的人行栈道，如与乡村路连接也用乡村路符号表示，但需加"栈道"二字。

2.2.4.4　小路

小路是乡村之间来往的捷径，影像是自然弯曲的白色线状。在通行困难地区，供单人单骑行走的道路也用小路符号表示。另外，在山区与小路连接的通过悬崖绝壁的人行栈道，也用小路符号表示，但需加注"栈道"二字。

山区、森林地区、边远或荒僻的地区，因人烟稀少，所有的小路要尽可能全部判读表示。但在平坦地区或人烟稠密地区，小路大多是下田耕作走出来的。因此，要根据道路的分布、通行情况和重要性等因素加以选择。应选一条主要的、使用价值最高最合理的小路，其余（如河边、水渠旁和田埂上的）的小路可适当舍去，使图面合理，清晰易读。

2.2.4.5　高架路、内部道路、阶梯路

高架路是指城市中架设的供汽车高速行驶的空中公路，调绘时，应注意对支柱的表示。尤其是内业测图无法测定的支柱，野外调绘时，应按新增地物将它们补测出来。

内部道路是指机关、学校、厂矿、居民小区及公园等内部经过铺装的主要道路。内部道路它也是居民地组成部分，可在调绘居民地时一并将其调绘出来。

阶梯路是指用水泥和砖、石砌成阶梯式的人行路，如果路宽小于图上1mm，调绘时可用小路符号表示。

2.2.4.6　道路的附属设施

道路的附属设施有：站台、天桥、地道、路堤、路堑、隧道、里程碑、汽车站、涵洞、行树、安全岛等。像片调绘时，所有附属设施均应在现场逐一调查，表示清楚。影像不清时，还要按新增地物进行补测。如果是像片平面图调绘，路堤、路堑要注意是否需要进行投影差的改正。

2.2.5　水系的调绘

水系包括河流、池塘、水渠、水井等；另外还有防洪墙、土堤、码头、桥梁、水闸等

设施。

水在像片上的影像色调，与摄影时间、水的深浅、清浊和水底性质、流速、水内植物生长情况等有密切的关系。由于水是透明体，能吸收大量的光线，故贮水池、游泳池、池塘等静水的影像，一般呈暗色调——黑色或深灰色。流动的水面和生长有水生作物的水面，一般其影像色调较浅——浅灰色。当水面反光的光线通过航摄仪镜头时，影像呈白色。

2.2.5.1 河流

河流应调绘出岸线和摄影时的水位线。

因河岸高出水面，故多数岸边较干燥；又因常被人们践踏，不大长草，影像色调浅，近水面一侧即为岸边线。当河岸近水一侧背阳，色调暗黑，较易判读。当河岸被树木遮挡时，通过树木空隙或采用立体观察确定岸线。当河岸近水一侧的坡度较缓，要用斜坡符号表示，岸坡陡峭时，以陡岸符号表示。加固岸要用加固符号，并配上流向符号和河流名称。

2.2.5.2 湖泊、水库、池塘

常年有水和间接有水的湖泊，以摄影时水涯线为准，并加注名称注记。时令湖需加注有水月份。非淡水湖泊需加水质注记，如"咸"、"苦"等。

水库也是以摄影时水涯线为准，并加注名称注记。水库的坝体用堤或拦水坝的符号表示。水库的附属设施也应以相应符号表示。

池塘一般以上边沿线为准绘出，并绘注"（鱼）"、"（塘）"、"（藕）"等说明注记。

2.2.5.3 水渠

水渠系由人工挖成，供灌溉和排水使用。它的特点是：在平坦地区多为直线，拐弯或相交多成直色；起伏地区的水渠多为自然弯曲，沿山坡等高处延伸。当水渠与小水池相接，附近必有抽水机站。

水渠宽度常以渠的上沿边线为准。

人工修建的沟渠，调绘时不论渠内有无水流，都调绘渠的岸边线。当沟渠在调绘像片上的宽度大于 1mm 时，用双线依比例尺表示［如图 2-12（2）所示］；小于 1mm 时，用 0.3mm 的单线画在该渠中心线的影线位置上［如图 2-12（1）所示］。

当沟渠两边坡由高出地面 0.5m 以上的堤岸组成时，以有堤岸的沟渠符号表示［如图 2-12（3）所示］。主干渠两侧的大堤，按实宽依比例尺表示，渠宽按堤外侧的地面同高点依比例尺画出［如图 2-12（4）］。如当堤的内侧呈两层，顶层的堤脚与沟渠岸边线之间有可通行地段时，以图 2-12（5）的符号表示。断面图中的箭头距离，表示水渠的宽度。

此外，在起伏地区有沟堑的沟渠，其符号与路堑相同。在某些平坦地区为了不占用耕地，把水渠修筑于地下，而在地面上均匀分布着出水口供灌溉使用。此时，要防止遗漏对这种出水口和地下灌渠的调绘。

在起伏地区由人工架设的输水流槽，或在平坦地区架设在小河上的架空水道，称为输水槽。双线输水槽要调绘出支架或支柱位置。当支柱过密时，直线部分可适当取舍，画成分布均匀的黑块，如图 2-13（1）所示。单线输水槽（槽宽小于图上 1mm）不必调绘支架，可用图 2-13（2）的符号表示。

2.2.5.4 水井

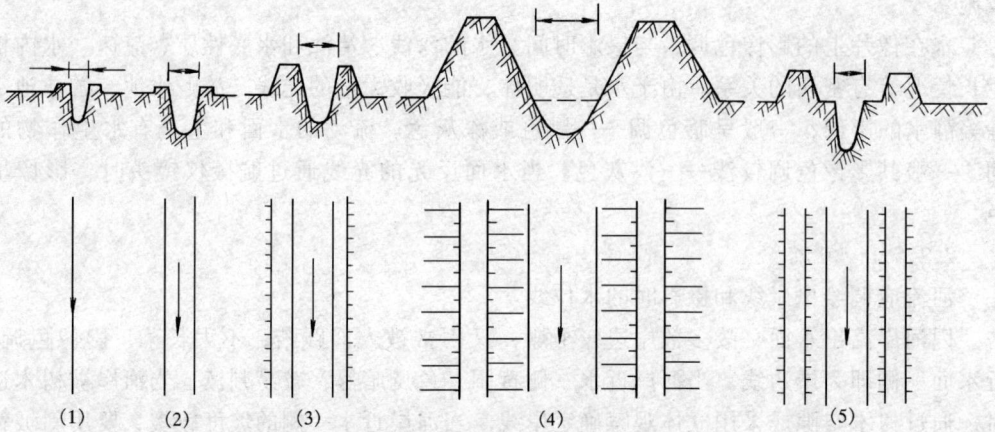

图 2-12 沟渠的类型

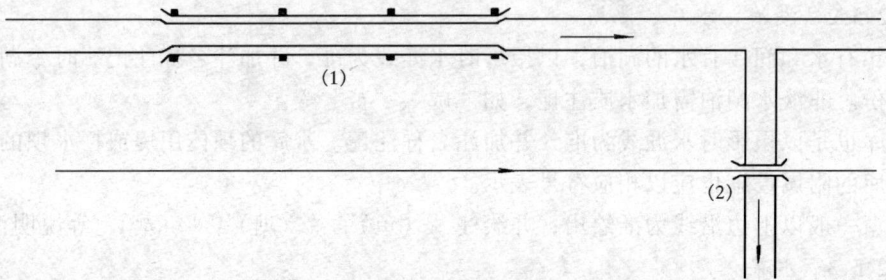

图 2-13 输水槽

水井的井口常较小，其影像是个黑点而且不明显。但井台一般由砖石或水泥砌成，在像片上呈白色浅灰色影像，且常有小路与它相连。在干旱地区水井要全部调绘，其他地区可择要表示。

2.2.5.5 防洪墙、土堤

防洪墙均建筑在岸边坚固的地面上，由块石、水泥构筑成，用以防止洪水泛滥。

防洪墙的影像在岸上呈灰白色带状，多数能看到落影，部分能判读出墙脚。墙宽在图上小于 0.5mm 时，画成 0.5mm；超过 0.5mm 时，依比例尺画出。墙坡符号的长线画到坡脚。

土堤的作用与防洪墙相同。它由泥土堆砌而成，堤上可通行，甚至能开拖拉机。土堤影像的色调呈灰白色，两边植树或长草，色调灰或深灰色。土堤符号的长坡线应画到坡脚。

2.2.5.6 码头

码头是专供船只停靠、上下旅客和装卸货物的场所，一般较宽阔平整。

码头一般顺着河岸建筑，其影像呈灰白色。浮码头离开河岸设置到水上，由栈桥与岸相连，其色调依铺面材料不同而有深浅。调绘时除了要正确表示码头轮廓线外，还要注记其名称。码头上的建筑物，以相应符号表示。

码头或岸边上的台阶，依比例尺用台阶符号表示。若图上长度不足 2mm，则用非比例符号画出三阶。当图上长席小于1.5mm时，则不必表示。

2.2.5.7 桥梁

车行桥是指可以通行火车、汽车的桥梁。调绘时应正确表示桥墩位置，并加注"钢"、"混凝土"等字。

人行桥是指不能通行大车、并与乡村路或小路相连的桥。不论其结构和桥面宽窄如何，都以人行桥符号表示（溜索桥亦以此符号表示）。人行桥一般比车行桥窄，影像色调依桥面材料而定，一般浅灰或白色。

级面桥是指两端有石砌台阶的桥。不能通行车辆的拱桥，亦用级面桥符号表示。

2.2.5.8 水闸

水闸用以调节水位和控制河水流量，是横置在河流或渠道中的人工构筑物，其影像色调呈灰白色。水闸高出河岸，闸上有房屋，阴影明显，如果水闸两端与大车路以上的道路相通，则为能通车的水闸。凡是能依比例尺描绘的水闸，应加注"闸"字。水闸堤坝上的房屋，以相应符号表示。船闸亦用水闸符号表示，并加注专有名称或"船"字。

跨河道的水闸房屋，以房屋符号表示。闸门在房内的，在房屋内配置闸门符号，闸门在屋外，按实地位置加绘闸门符号。

2.2.5.9 拦水坝、滚水坝

拦水坝是拦截河流以抬高水位的坝式建筑物。调绘时应按拦水坝的实际形状依比例表示，并注明建筑材料。

滚水坝是河水可经常性或季节性从坝面溢过的堤坝。调绘时符号中的虚线画在上游，短线朝向下游。

2.2.6 管线、垣栅的调绘

管线、垣栅包括电力线、通讯线，或地面上架空的管道、城墙、围墙、栏杆、篱笆等。要随时对照、询问或补测，并正确地表示在调绘像片上；注意复查，以免连错线位。

2.2.6.1 电力线和通讯线

高压和低压输电线统称为电力线。通讯线包括长期固定的电话线（通讯电缆）、广播线和有线电视线。

调绘时，首先在实地查对或补测每一根电杆（铁塔按比例尺表示），然后看清电线的走向，在像片上画出连线，最后分清种类画上相应符号。当多种电线架设在一个杆上时，可只表示主要的。

2.2.6.2 架空管道或地面上的管道

管道主要调绘架空的和地面上的（包括有管堤），如系输送物质的，加说明注记，如"煤"、"热"、"石油"、"水"等。

架空管道的支架按实际位置调绘，当支架过密时，直线部分的支架可适当舍去。

地面上有管堤的管线（指在地面上修筑土堤保护的管道），应按有管堤的符号表示。

各种管线通过河流、沟渠时，在水上通过的以架空的管线符号表示。

2.2.6.3 城墙、围墙

调绘城墙墙基轮廓时，对完整和破坏的城墙要分开。

砖、石、混凝土墙和土墙，在图上的宽度小于0.5mm时，以不依比例尺符号表示；大于0.5mm时，依比例尺绘出。

2.2.6.4 栏杆、篱笆等

调绘各种类型的栏杆，符号上的短横线一般向内画。

篱笆要区分是用竹、木等材料编织成的，还是由灌木、荆棘等形成的活树篱笆。

2.2.7 工矿建（构）筑物及其他设施

2.2.7.1 工业设施

工业设施主要包括：起重机，吊车，传送带，液体、气体贮存设备，露天设备等。

起重机一般是固定在码头、车站的一种单臂式起重设备，它的构像比较小，但在立体镜下，还是能判读出位置的。

吊车是桥式的起重设备，轨道在地面的称为龙门吊，轨道架在空中的称为天吊。调绘时轨道及轨道端部的柱架均应正确表示。

传送带分架空的和地面上的两种。固定的支柱（架）也应逐个表示。

液体、气体贮存设备除了按外形逐个表示外，还应简注贮存物的名称。

2.2.7.2 矿山开采设施

矿山开采设施主要包括：矿井井口、露天采掘场、漏斗等。

矿井井口分：竖井井口、斜井井口、平硐洞口等。井口在图上大于符号尺寸的，调绘时依比例尺表示。斜井井口、平硐洞口应按真方向表示，符号的底部为井的入口，所有开采的矿井均要注记相应的产品名称，如"煤"、"铜"等。

露天采掘场指露天开采煤、沙、石等的小型场地。调绘时有明显坎或坡的，用坎或坡符号表示；无明显坎或坡的用地类界绘出其范围，并加注产品的性质注记，如"石"、"沙"等字。

漏斗包括：斗在中间的、斗在一侧的、斗在墙上的和斗在坑内的四种情况。调绘漏斗时，按实际情况用相应符号表示，支柱只表示两端的，并加注"漏斗"二字。

2.2.7.3 其他设施

其他设施包括：农业设施（粮仓、抽水机站、打谷场、饲养场、温室等），文教、卫生及体育设施（雷达、卫星发射或接收天线、环保监测站、宣传橱窗、露天体育场等），公共设施（加油站、装饰性路灯、喷水池、假石山等）。

调绘这一类物体时，农业设施基本上能依比例绘出它们的轮廓，而其他则要注意正确使用各种符号，有些还需加注说明注记。

2.2.8 植被的调绘

2.2.8.1 耕地

耕地包括水田、旱地、菜地、经济作物地等。其形状一般呈长方形。在起伏地区内，也有由弧形构成的不规则形状。每块耕地的作物相同时，其影纹和色调必然均匀一致，一般呈灰白色到深灰色。当土质、作物或季节不同时，影纹和色调各异。

蔬菜生产基地的菜田面积较大，田面平整、宽度大致相同，并有色调灰黑的小水沟（在菜垅之间的小沟不用表示），每垅地两侧有稍低于田面的通道，因被浇水、施肥时反复踏，不长草，故色调浅。

平坦地区的稻、麦两熟地，四周有高出田面0.15m以上的田埂围住，附近必有水渠，供灌溉用。调绘时要画出每条田埂（宽度大于图上1mm时画双线），并绘注相应的植被符号。

2.2.8.2 果园、苗圃

果树种植在向阳的山坡或平地上，排列整齐、间隔相同。它们在像片上的影像，夏天为暗色的小圆球；冬天落叶剩下的树枝、树干，则呈灰色不规则影像，并可见到落影。调绘时除了要确定范围、配置符号外，还要加注果树名称，如"苹"、"桃"等。

苗圃地面平整，树苗多栽成条状，由于树苗的大小和种类不同，影像色调就有深浅的差别，一般同一排的色调相同。调绘时应在其范围内配置符号，并加注"苗"字。

2.2.8.3 树林

生长在居民地附近或山坡上的树林，当其大小和稀密不一时，在像片上为不规则的小圆球状，而影像色调则有深有浅；针叶树比阔叶树色调深；秋后的落叶松与阔叶树影像均为浅灰色；白杨树较长时间都是浅灰色。

确定树林范围时，要避免受树木的投影差和阴影的影响。

2.2.8.4 森林

森林常在人烟稀少的深山育成，范围广、密度大，不同地段生长不同的树林，间或有林中空地。其在像片上可见大面积的、不均匀的、密度较大的小圆球。随树种不同影像色调为灰到灰黑色。根据影像和色调，在像片上可以判读出不同树种的分界线。

2.2.9 地貌要素的调绘

2.2.9.1 梯田坎

梯田坎是依山坡或谷地，由人工修成的阶梯或农田的陡坎。梯田坎位于田埂的外边线上，其影像及色调与水渠和河流的陡岸相似。如果是用石料加固的，则用加固的陡坎符号。

2.2.9.2 冲沟

冲沟是地面受雨水急流冲蚀后形成的大小沟壑。外表参差不齐而且较陡，影像向阳部分色淡，阴影灰黑，符号就画在上面的边缘处。当冲沟正对阳光时，影像位置较难判读。通过立体观察，即可判准画正。

2.2.9.3 陡石山、露岩地

陡石山是指岩石裸露的陡峻山岭或不能用等高线表示的石山。由于很少有土壤覆盖，故无树林生长，或只有零星树木或灌木。在影像中，岩石褶皱走向清楚，阴影明显，色调不均匀（浅灰到深灰色）。应在立体观察条件下绘出范围并配置陡石山的符号。

露岩地指岩石露出地表的地段，包括坡度不陡峻的石山。露岩上下长草和树，与一般的地表不同。岩石有光滑的与带棱角的，种类也不同。它们朝阳部分的影像色调有白色、浅灰色或灰色，阴影较明显。在立体镜下绘出范围并配置相应符号。

2.2.9.4 土堆、坑穴

土堆包括烽火台、固定的矿渣堆，均用实线调绘其顶部的轮廓，斜坡符号的长线绘到坡脚。并加注"烽"字或"渣"字。

坑穴用实线画出坑口的边缘，并配上向内画的陡坎符号。

2.2.10 境界线的调绘

境界线分：国界；省、自治区和直辖市界；自治州、地区、盟和省辖市界；县、自治县、旗市界；乡界（包括国营农场、林场和牧场）五个等级。

调绘境界时，要掌握下述几个方面：

（1）收集和参照测区的地图、行政区划图和有关文件

经实地调查和核实后，再画到调绘像片上。对有过争议的地段，需找双方负责人共同审定（或上级审核）后，才能着墨。

（2）国界要严格按照文件或边界条约，不间断地全部精确绘出

界桩和界碑的位置要判绘准确，并注记其编号。界碑为石碑时，一般可用石碑符号表示。

（3）当两级以上境界重合时，只绘高一级的境界符号

（4）境界以线状地物为界

若不能在线状符号中心绘出时，应沿两侧每间隔 4cm 左右，交错绘出 3～4 节符号。但在境界相交、特别曲折和接近调绘像片边缘时，境界符号要全部绘出，以使位置和走向明确，利于识图和接边。

（5）直辖市和地区级市内的区界，用县界符号调绘

2.2.11 调查居民地名称及各种说明注记

乡镇以上的居民地名称一般注记在政府驻地位置附近。

乡镇以下（不含乡镇）的居民地名称，按村委会驻地和自然村名注记。

说明注记包括：工矿企业、机关、学校、街道名称等名称说明注记；各种管线的属性注记（如水、石油等）；山名及水系名称以及各种数字注记（如控制点点号及高程、公路技术等级代码和编号）等。

2.2.12 新增地物的补测

新增地物是经济建设日新月异发展的必然产物。因此，调绘时通过对照和询问，及时发现新增和扩建的地物，并随时进行补测。另外，某些地物影像很小，或者被树木、高大建筑物等遮蔽，无法从像片上判读出来时，亦需要在野外调绘的同时，把它们正确地补测到调绘像片上。

对于定性调绘而言，只需将新增地物与相邻地物间的关系（如距离）注记在像片上即可，然后内业测图时，再根据注记的数据准确地将新增地物补测到地形图上。但是，如果是像片平面图调绘，由于像片图的比例尺是固定的，补测新增地物时则应将其准确无误表示在像片图上。

2.2.13 调绘像片的接边与整饰

接边是检查调绘质量的一个重要环节，必须在野外完成，为使接边工作顺利进行，要求作业员在调绘工作中随时进行自我检查，并且按照接边要求随时进行接边。这样，相邻调绘像片之间的矛盾，就能提前得以发现和解决，不至于留到最后接边时再检查改正。

接边出现矛盾的主要原因：一是判读错误；二是着墨错误；三是作业员对地物等级区分、显示标准或综合取舍的认识和掌握不一致；四是接边像片非同期作业，间隔时间较长，地物已有变化，或者上一期的调绘像片有错误，等等。

调绘像片接边，是把两张待接边像片的调绘边拼排在一起，进行目视检查（从上到下或从左到右），按照接边要求，逐点检查、对照，找出矛盾和问题。

根据接边矛盾和问题的性质，双方通过立体观察和回忆，能够当场解决的——例如接边一方缺行树或漏陡坎这类一般性问题，可以当时改正；并继续接边；遇到当时不能解决的——例如地理名称、补测的地物、境界线、电力线或通讯线的边接方向等，需把问题集中起

来,经双方共同实地查对后,把错的改正、遗漏的补上。最后把调绘边全部接好为止。

2.2.13.1 调绘像片的接边要求

(1) 地物、地貌符号在像片上的位置正确

相邻像片接边处的图式符号,要画在像片的同名影像上。若需要改投影差,应在各像片分别改正,才能保证相应的图式符号都画在像片的正确位置上。

(2) 地物、地貌符号性质(等级)相同

要求相接的两地物性质相同。比如公路接公路;双线渠与双线渠相接;县界接县界,乡界接乡界;植被不能出现不类拼接。特别是电力线不能接通讯线,高压和低压线不能接错,等等。

如果接边中出现等级不同或性质不同的情况,必须实地复查,把错的改过来或补画好后,再进行接边。

另外,如果一张像片有地物待接,另一张像片在相应位置处无任何符号,这很可能一方搞错或另一方遗漏,必须对两张像片仔细检查。可能性较大的是另一像片上因地物只有很少的部分,被忽略遗漏了,只要找到及时补上,问题就自然解决了。

(3) 植被、文字和数字注记要一致

1) 要求相邻像片每块同名影像的植被内容相同。

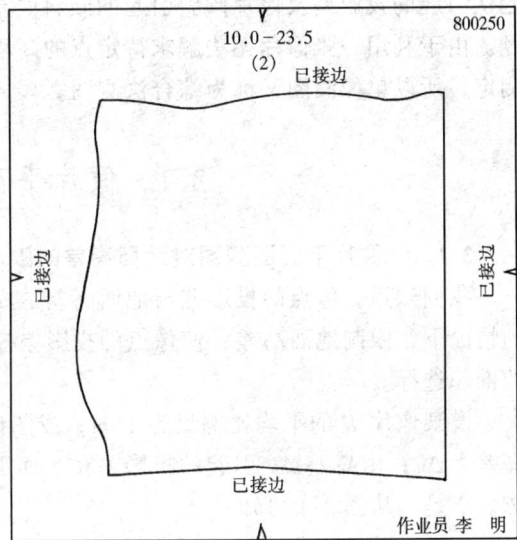

图 2-14 调绘像片的整饰

2) 相邻像片同名影像的地理名称和说明注记要相同:比如跨两张像片的大居民地,不允许出现"李家庄"、"李家村"相差一字的地名。又如公路等级的说明注记应一致;同名大池塘一片注"藕",另一片注"菱"等。当遇到上述情况时,应到实地调查后才能改正。

(4) 自由图边要求调绘出图廓线外 4mm,遇重要独立地物或房屋应画完整。

2.2.13.2 调绘像片外围的整饰

在调绘像片北边外中央,分两行写出该像片所在图幅的图号和航线号,在右侧写上像片号。

在南边外的右侧,写作业员姓名和日期,如图 2-14 所示。

复 习 思 考 题

1. 成像规律与判读特征在像片判读中的应用。

2. 如何根据屋顶影像画出房屋正确的平面位置?为什么要顾及房长改正?

3. 定性调绘和定性定量调绘的区别。

4. 像片补测的方法和注意事项。

5. 怎样进行像片调绘?为什么要强调自我检查?

6. 如何检查调绘像片?

第3章　像片平面图测图

由前述可知，将中心投影的航摄像片测绘成正射投影的地形图，如何解决像点因地形起伏引起的投影差及像片倾斜引起的倾斜误差，是单张像片测图时必须解决的两个主要问题。由于利用一张像片无法解求待定点的高程，即待定点的高程还需要采用普通测量方法测定，所以单像测图又称为综合法测图。

3.1　像片平面图测图原理

3.1.1　像片平面图测图对地面高差的限制

我们知道，像点的投影差与地面高差是成正比的，在地面点不可能同处一个水平面上的情况下，限制地面高差，使像点的投影差控制在允许的误差范围内，是像片平面图测图的惟一选择。

设某像片 P 的平均比例尺为 $1:m$；成图比例尺为 $1:M$；地面最高点 A 对基准面 T 的高差为 Δh；由高差 Δh 引起的投影差在 T 面上为 δT；在像面 p 上是 δh；在图板面 E 上是 δE。于是，从图 3-1 可知：

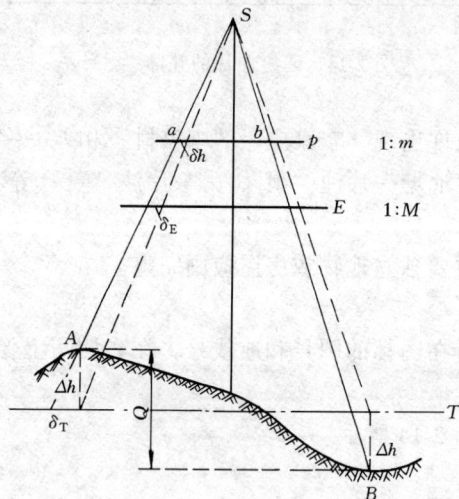

图 3-1

$$\delta h \cdot m = \delta T；\quad \delta E \cdot M = \delta T$$

故而，$\delta h \cdot m = \delta E \cdot M$，即：

$$\delta h = \frac{\delta E \cdot M}{m}$$

又因为：

$$\delta h = \frac{\Delta h \cdot r}{H_T}$$

于是等式成立：

$$\frac{\Delta h \cdot r}{H_T} = \frac{\delta E \cdot M}{m}$$

所以：

$$\Delta h = \frac{\delta E \cdot M}{m} \cdot \frac{H_T}{r}$$

$$= \delta E \cdot \frac{M}{m} \cdot \frac{f \cdot m}{r}$$

$$= \delta E \cdot \frac{f}{r} \cdot M$$

若设图 3-1 中的 B 点为该像片 P 范围内的最低点且 A、B 点对基准面 T 的投影差大小相等，符合相反。当像点 a 在图上的投影差 δE 在限差以内时，b 点的投影差必然也在限差以内。所以，地面最大允许高差 Q（以 m 为单位）为：

$$Q = 2 \cdot \Delta h = 2 \cdot \delta E \cdot \frac{f}{r} \cdot M$$

当允许误差设定为 0.4 mm 时，地面高差允许值的计算公式为：

$$Q = 0.0008 \cdot \frac{f}{r} \cdot M \qquad (3\text{-}1)$$

对于像幅为 23 cm × 23 cm 的航摄像片，在正常重叠情况下，若设 $r = 90$ mm，则由式（3-1）计算得出可以视为平坦地面的高差限制值，如表 3-1 所列。

高 差 限 制 值 表   表 3-1

Q, m M f, mm	500	1000	2000	5000	10000
70	0.3	0.6	1.2	3.1	6.2
100	0.4	0.9	1.8	4.4	8.9
200	0.9	1.8	3.6	8.9	17.8

当测区内各像片测绘面积的地面高差，不超过表 3-1 中的 Q 值时，这种地区称为平坦地区。平坦地区可以采用像片平面图。

3.1.2 像片纠正的原理

对像片进行消除倾斜误差和统一比例尺的摄影测量处理工作，称为像片纠正。

如图 3-2 所示，T 为平坦地面；S 为摄影站；p 为航摄底片；H 为航高。

由于像片 P 的倾斜角 α 不等于零，地面图形 $ABCD$ 的构象 $abcd$ 就产生了因倾斜误差引起的变形，致使两者之间的图形并不相似。

如果在距离投影中心 S 为 $\dfrac{H}{M}$ 的位置上插入一水平面 E，得到 $abcd$ 的投影图形 $a°b°c°d°$。因为 E 面平行于 T 面，所以，$a°b°c°d°$ 是地面 $ABCD$ 按 1：M 比例尺缩小了的相似图形。

如果用光源照明 P 片，把 E 面上的影像 $a°b°c°d°$ 晒成像片，那么这张像片的倾斜误差已被消除掉，影像图形与地面呈几何相似的关系，这像片就叫做比例尺为 1：M 的纠正像片。

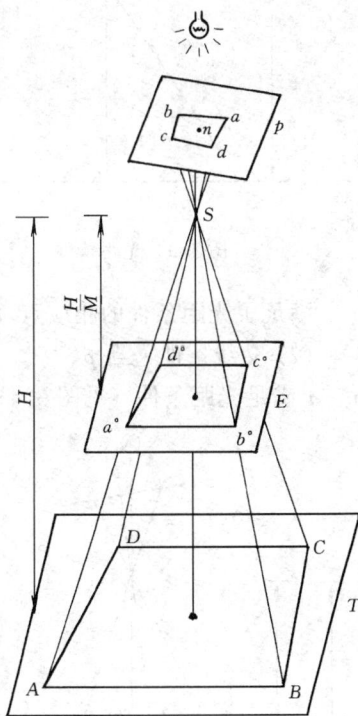

图 3-2

分析像片纠正过程，不难看出，如何保证 E 面上的影像全面清晰，以及保证 E 面上影像与地面图形保持几何相似是像片纠正的两个关键理论问题。

3.1.2.1 像片纠正的光学条件

纠正的光学条件包括：光距条件和交线条件。前者保证中心的一对相应点始终处于光学共轭位置；后者不论承影面 E 如何倾斜，始终保证投影到 E 面上的影像全部清晰，这是纠正作业的基本要求。

（1）光距条件　设 p 为底片平面；S 为镜头中心；Q_s 为镜头主平面；E 为承影面。

当 p、Q_s、E 三平面平行时，只要有一对相应点满足光学共轭，则其他各对相应点也都是光学共轭点。因此，在承影面上可以得到全面清晰的影像。若欲使底片平面 p 上的某像点 a 在承影面 E 上的构像 $a°$ 清晰（见图3-3），则相应点 a、$a°$ 到镜头主平面 Q_s 间的距离 D、d 必须满足透镜公式（即满足光距条件）：

$$\frac{1}{D} + \frac{1}{d} = \frac{1}{F} \qquad （F\text{ 为该仪器镜头的焦距}）$$

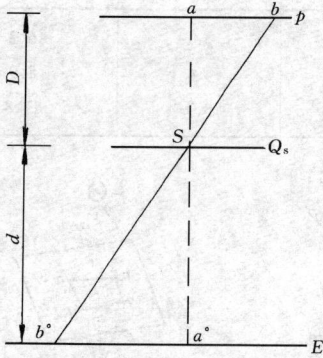

图 3-3　光距条件

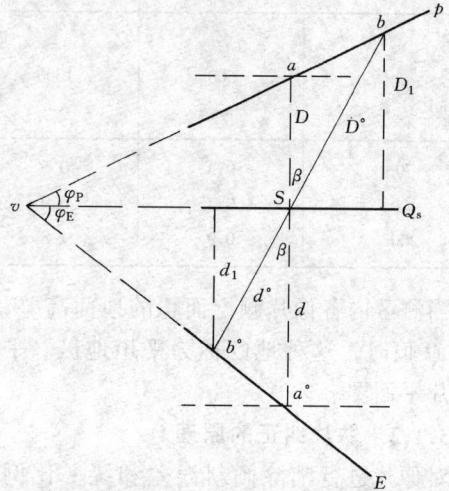

图 3-4　交线条件

满足了光距条件的相应点 a、$a°$，称为光学共轭点。

（2）交线条件　当 p、Q_s、E 三平面不平行但交于同一条直线时，只要有一对相应点 a、$a°$ 满足光距条件（见图3-4），就能保证 p、E 两平面内其余各对相应点皆能实现光学共轭，从而在承影面 E 上得到全部清晰的影像。

综上所述，当 p、Q_s、E 三平面不平行时，只有在既满足光距条件，又满足了交线条件时，底片平面 p 和承影面 E 上所有的相应点，才都能实现光学共轭而达到承影面上影像全部清晰的要求。

3.1.2.2　像片纠正的几何条件

确定 p、Q_s 和 E 三平面的相互关系保证在承影面 E 上得到的影像与地面图形保持几何相似，这就是像片纠正的几何条件。实现这个目的最直接的方法，就是实施摄影过程的几何反转，如图3-5所示。当考虑到像片纠正的光学条件与几何条件相结合时，可将图3-5改画为图3-6。

由于这种方法要求投影光束的形状与摄影光束的形

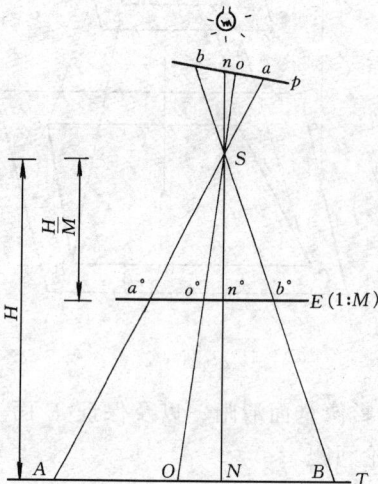

图 3-5　摄影的几何反转

42

状完全一致，从而使得对不同主距（或投影高度）的航摄像片进行像片纠正时，必须配备不同焦距的投影物镜，方能保证承影面上的影像清晰。显然，这种方法在实际应用时，是很不方便的。

目前使用较为广泛的是变换光束纠正的方法。

根据透视平面旋转定律，承影面 E 绕 p、E

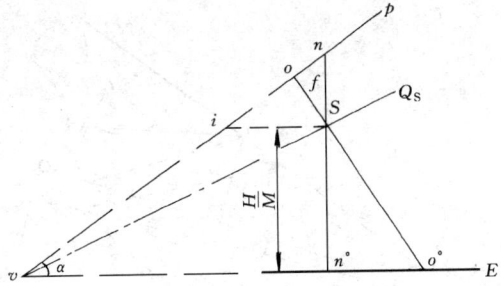

图 3-6　恢复光束纠正的几何条件

面相交轴旋转 β 角至 E_1 的位置，投影中心 S 以 Si 为半径，在主垂面内绕主合点 i 点亦转动相同的 β 角至 S_1，则任意点 a、b 投影到 E_1 面上的影像 a°_1、b°_1 的位置，与旋转前的纠正像点 a°、b° 在 E 面上的位置完全相同。下面我们来证明这一结论，即 $a^\circ_1 b^\circ_1 = a^\circ b^\circ$。

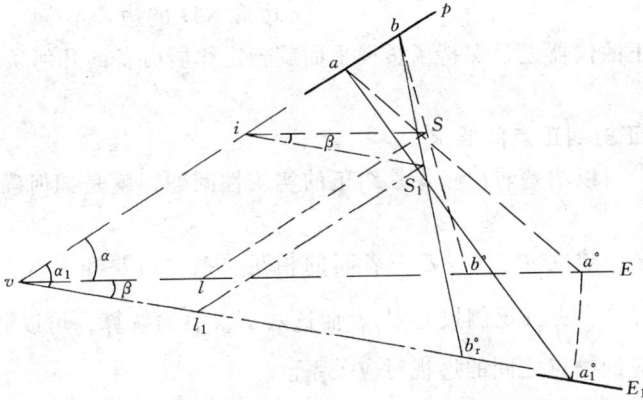

图 3-7　透视平面旋转定律

由图 3-7 知：

$$\triangle ava^\circ \backsim \triangle aiS ; \quad \triangle aiS_1 \backsim \triangle ava^\circ_1$$

故有：

$$\frac{va^\circ}{Si} = \frac{va}{ia}, \quad 即：va^\circ = \frac{va}{ia} Si \tag{a}$$

$$\frac{va^\circ_1}{S_1 i} = \frac{va}{ia}, \quad 即：va^\circ_1 = \frac{va}{ia} S_1 i \tag{b}$$

因为 $S_1 i = Si$，故由式（a）、（b）得：

$$va^\circ_1 = va^\circ \tag{c}$$

同理可得：

$$vb^\circ_1 = vb^\circ \tag{d}$$

由（c）、（d）两式可知：$va^\circ_1 - vb^\circ_1 = va^\circ - vb^\circ$，亦即证得：

$$a^\circ_1 b^\circ_1 = a^\circ b^\circ$$

用类似的方法还可以证明主垂面以外的影像，在 E_1 面上可得到同样的正确成果。图 3-8 为纠正不同像片满足光学条件和几何条件示意图。图中 p_2 片的主合点为 i_2，承影面

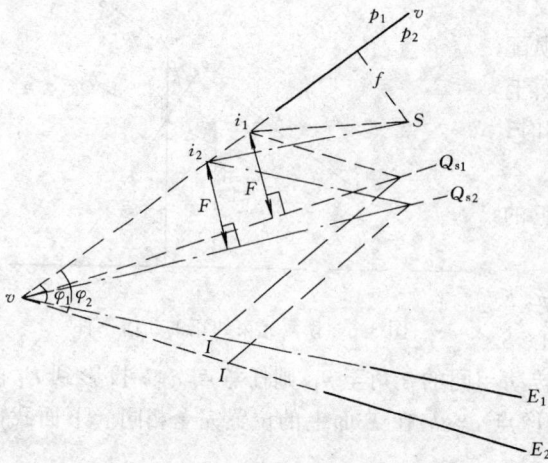

图 3-8　变换光束纠正三平面关系示意图

为 E_2；P_1 片的主合点 i_1，承影面为 E_1。

因此，变换光束纠正的几何条件是：

（1）像片主纵线与仪器主纵线重合；

（2）由仪器主合点到镜头的距离 Si 应保持不变；

（3）仪器主合点沿主纵线到承影面的距离应保持不变；

（4）纠正仪承影面 E 的位置始终平行于 Si。

条件（1）确定了像片在底片面中的方位；条件（2）、（3）保持了平行四边形 $SivI$ 的边长不变。

在变换光束纠正的仪器上，保持了透视平面旋转定律所必备的几何条件，因而无需还原摄影光束。

3.1.3　像片纠正对纠正点的要求

通过上述分析，可以清楚看出：像片纠正的实质性问题，就是如何确定 P、S、E 三者间的相对位置。

从数学角度出发，建立 P、S、E 三者间的相互关系，需要知道八个参数，即：x_0、y_0、X_s、Y_s、A、α、k、$\frac{f}{H}$（比例尺元素）。而这八个参数的解算，可以通过 P 面上的像点与其 E 面上相对应的物点之间的透视对应关系。

$$
\left.
\begin{aligned}
X &= \frac{a_1 x + a_2 y + a_3}{c_1 x + c_2 y + 1} \\[2mm]
Y &= \frac{b_1 x + b_2 y + b_3}{c_1 x + c_2 y + 1}
\end{aligned}
\right\}
\tag{3-2}
$$

进行解求。

式中　a_i、b_i、c_i、——像片 P 的六个外方位元素及两个偏离量的函数；

　　　x、y、X、Y——对应点的像片坐标与地面坐标。

由于一对对应点只能列出式（3-2）方程组一个。所以必须有四对对应点方能解求出八个参数。并且要求两平面上的任意三个点不能位于一条直线上。

在像片纠正中，这种对应点，亦称之为像片纠正点。为了检查起算数据的正确性，生产作业中，还需增加一个检查点。

3.2　制作像片平面图

3.2.1　纠正仪

纠正仪的类型较多，下面仅介绍 HJ-24 和 SEG-1 两种型号的纠正仪。它们都是采用变换光束纠正的。由光学条件控制器来自动满足光学条件；其几何条件则由仪器的五个独立动作通过对点法实现。

3.2.1.1 HJ-24 型纠正仪

HJ-24 型纠正仪简称小型纠正仪（如图 3-9 所示），是无锡测绘仪器厂早期产品之一。仪器是竖直投影式结构；其结构轴与主光轴重合；承影面和底片面绕双向关节倾斜。

承影面 E 位于仪器的基座上。双圆柱导轨、自动显示离心值 e_x、e_y 的读数窗和光学条件控制器则设在基座的后部。投影部分（包括照明系统、底片盘框架、离心值 e_x、e_y 的安置手轮和读数窗和镜头）悬置在承影面上方，并可沿双圆柱导轨上下移动。

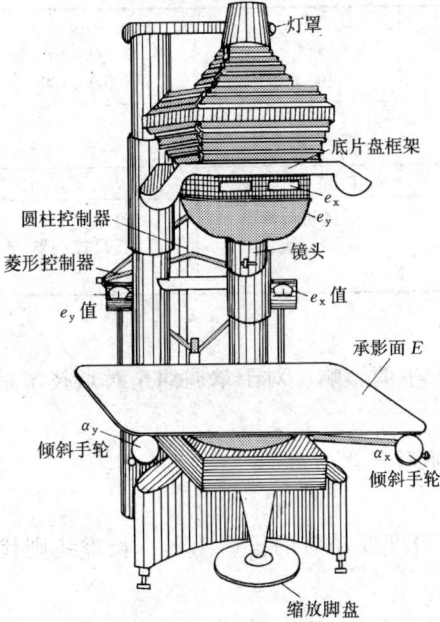

图 3-9 HJ-24 型纠正仪

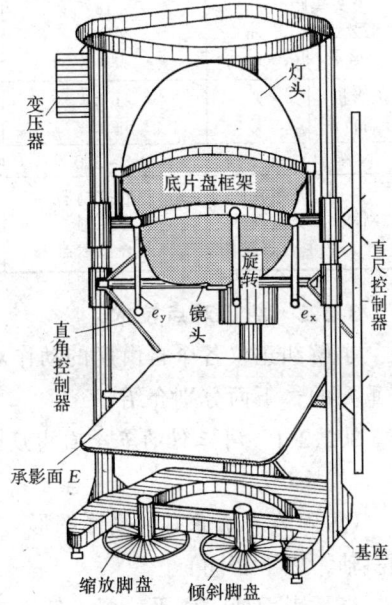

图 3-10 SEG-1 型纠正仪

仪器的光学条件控制器包括：菱形控制器和圆柱控制器。前者满足光距条件；后者满足交线条件，能保证纠正对点全过程中投影影像全部清晰。

仪器有五个独立动作（称为五个自由度），它们包括：缩放；X、Y 方向的复倾斜；纵、横向离心。

3.2.1.2 SEG-1 型纠正仪

这类纠正仪习惯上称之为大型纠正仪，也是竖直投影式结构。它的特点是镜头主平面始终保持水平，仪器的结构轴始终垂直于镜头主平面。

SEG-1 型纠正仪的结构如图 3-10 所示。

基架包括马蹄基座和三根垂直导轨。导轨顶部由固定环连接。基座下面有底脚螺旋，用以整平仪器，使结构轴处于铅垂位置。镜头活动框架及底片盘活动框架，都沿着左、右两根垂直导轨作上下移动。平衡锤则沿第三根垂直导轨移动。

光学条件控制器中，控制光距条件的称为直角控制器；保持交线条件的称为直尺控制器。两种控制器能保证承影面上的影像始终全面清晰。

仪器的五个自由度是：缩放、倾斜（前、后倾斜）、旋转（底片盘可旋转360°）、纵向离心、横向离心。

3.2.1.3 纠正仪的技术参数

纠正仪的产地和型号较多，基本结构与前面介绍的两类大致相同，但控制器的类型却是多样的。纠正仪的技术参数如表3-2所列。

纠正仪的技术参数　　　　　　　　表3-2

技术参数＼型号		国　产 HJ-24	瑞士 E$_4$	国　产 HJ-3	蔡司 SEG-1 苏联 $\Phi T \delta$
镜头焦距，cm		18	15	14.9	18
最大像幅，cm		24×24	23×23	23×23	30×30
承影板，cm		70×80	106×106	100×100	100×100
承影板倾斜范围	X	±15°	±10°	−15°～+45°	
	Y	±15°	±10°		
缩放系数		0.5～3.0*	0.8*～7.0*	0.8*～7.0*	0.6*～5.0*
控制器	光距条件 交线条件 主合点条件	菱形控制器 圆柱控制器 离心指示器	曲线板控制器 模拟解算装置 —	微机解算 驱动装置	直角控制器 直尺控制器

3.2.2　纠正对点技术

了解纠正仪各个自由度的动作对投影图形所产生的影响，对于掌握纠正对点技术是十分重要的，下面分别介绍。

3.2.2.1　纠正仪的五个自由度动作对投影图形所产生的影响

（1）缩放

（短虚线表示原有的投影图形；实线表示该自由度变动后的投影图形；长虚线则代表倾斜轴，以下相同）

当承影面处于水平位置，转动脚盘进行缩小或放大时，投影点沿辐射方向同时向内或向外移动。其移动距离与结构轴点 G 的辐射距成正比，如图3-11所示（箭头为投影点移动方向）。缩放前、后的投影图形，形状不变，只改变投影图形的比例尺。

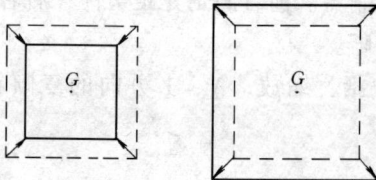

图 3-11　缩放前后的投影图形　　　　　图 3-12　纵向倾斜前后的投影图形

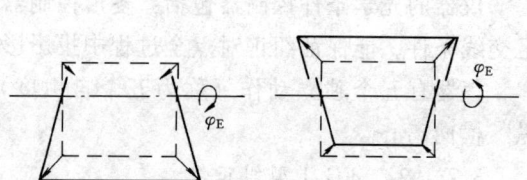

（2）倾斜

纵向倾斜　摇动左侧手轮 φ_y，承影面绕横轴倾斜一个角度。此时，以倾斜轴为界高位处的投影点向内移动，使投影图形的比例尺缩小；低位处的投影点向外移动，使投影图形的比例尺放大。其变化规律是距中心远的大，近的小。最终的结果是投影图形一部分缩小，另一部分放大，形状由正方形变成梯形，如图3-12所示。

横向倾斜　摇动右侧手轮 φ_x，承影面绕纵轴倾斜一个角度。此时，投影点移动的情况，恰与上述图形转换 90°相同，倾斜轴一侧的投影图形比例尺缩小；另一侧放大。其变化规律同上，结果仍然是正方形变成梯形，如图 3-13 所示。

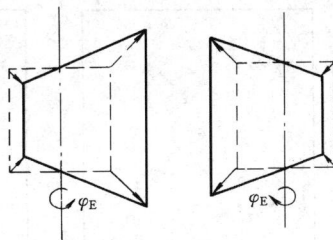

图 3-13　横向倾斜前后的投影图形

（3）离心

纵向离心 e_y　当承影面倾斜时，摇动 e_y 手轮，底片盘在本身平面前、后移动。按照倾斜移位规律，投影图形纵向伸长或缩短，如图 3-14 所示。

横向离心 e_x　当承影面倾斜时，摇动 e_x 手轮，底片盘沿本身平面左、右移动，使投影图形发生横向移位变形（同一水平线上的点，其移动量相同），如图 3-15所示。

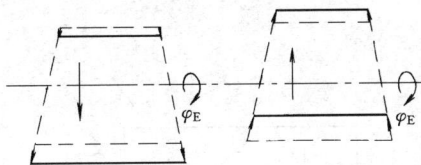

图 3-14　纵向离心前后的投影图形

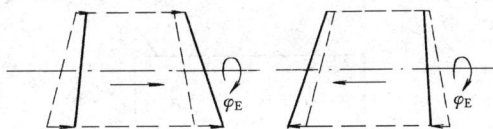

图 3-15　横向离心前后的投影图形

（4）旋转

转动 k 手柄，底片盘可在本身平面内旋转 360°。当承影面水平时，各点转动的距离相等，投影图形的形状不变，只改变方位；当承影面倾斜时，投影点向上方旋转，其辐射距缩小，投影点向下方旋转，则辐射距增大。旋转后所得的图形，不但方位变动，形状也随之改变，例如原来是等腰梯形则变成了任意四边形（见图 3-16 所示）。

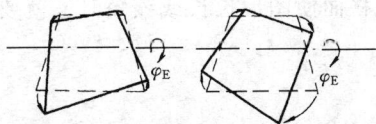

图 3-16　k 手柄旋转前后的投影图形

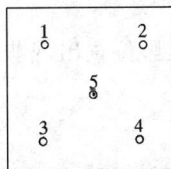

图 3-17　纠正透点图的放置位置

3.2.2.2　纠正对点技术

纠正对点之前，应先制作纠正对点图。所谓纠正透点图是按规定比例尺把纠正点展绘在透明薄膜上，并以半径为 0.5mm 的小圆圈出，同时注记点号。如图 3-17 所示。现以 HJ-24 纠正仪为例，介绍纠正对点技术。

（1）缩放

移动纠正透点图，对好中心点，使其余四个纠正点的投影点位，落在相应点的辐射线上，如图 3-18（1）。然后，转动缩放脚盘，改变投影影像的比例尺，使任一对角线上的两点（例如 2、3 点）误差相等，方向相反，如图 3-18（2）。此时，投影影像的比例尺 1、3 点处大，需要缩小；2、4 点处小，需要放大，不可能仅用缩放使点对好。

（2）倾斜

首先确定倾斜方向。从投影点位可见，包含 1、3 这部分的影像要缩小，2、4 这部分要放大，4 点比 2 点还要多放大一些。根据倾斜时影像比例尺的变化规律，承影面应向 2、4 点偏向 4 点的方向倾斜，图 3-18 (2) 的箭头表示承影面的倾斜方向。

转动 φ_x、φ_y 手轮，使承影面向箭头方向倾斜。此时，投影影像以不同速度朝向或背着中心移动，中心点亦向倾斜方向移动，投影影像一半放大，另一半缩小（如图 3-19）；然后，移动透点图对点，并按需

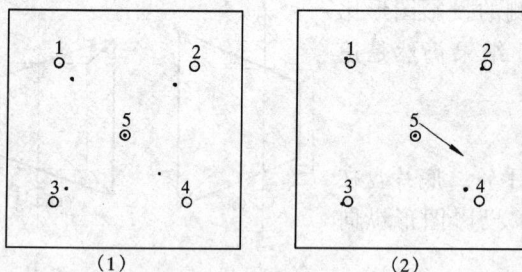

图 3-18　缩放后判断出倾斜方向

要重复 1、2 两步工作，逐步趋近，直到全部纠正点的影像与小圆重合为止，如图 3-20 所示。

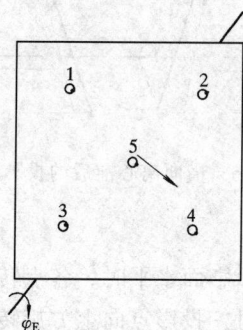

图 3-19　承影面倾斜
后的点位图

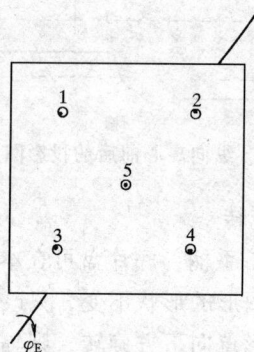

图 3-20　移透点图对好点

当纠正点的投影位置出现非辐射方向的偏移而使图形拉长或缩短时，就要通过离心才能解决。

（3）离心

摇动 e_x、e_y 手轮，把离心值读数窗显示的数值安置好。此时，航摄底片已在其自身的平面内作了相应的移动，故须再移动透点图对点，直到五个纠正点全部对好为止。至此，通过离心已达到了几何条件中主合点重合的要求。图 3-21 中 1、2 点和 3、4 点之间的边长拉长，需要缩短才能对合，故只要使投影点向箭头方向（主要是 e_y）离心即可；而 3-22 中在投影面低位处的 3、4 点出现偏扭，由 e_x 使投影点向箭头方向离心即可。

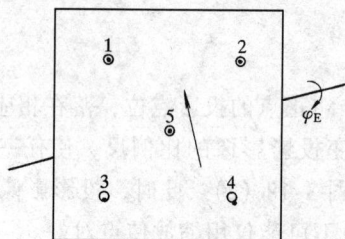

图 3-21　找出离心方向

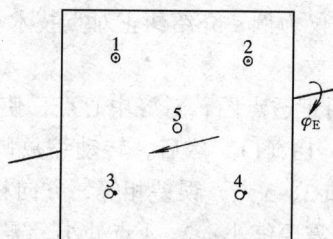

图 3-22　移透点图对好点

（4）晒像

晒像作业在红色安全灯下进行。操作步骤如下：

1）缩小光圈

光圈有大、中、小三挡，转动仪器镜头右侧的拨钮（见图 3-23），把光圈拨到中或小。

2）挡上滤光片

把开关向右掀，滤光片即挡住镜头。

3）在承影面上放置像纸并压平

4）向左掀动开关—滤光片移开，按试验好的时间，让像纸曝光

反向掀动开关—使滤光片挡住镜头。

5）对已曝光的像纸做摄影处理

经过上述操作，即可得到纠正后的水平像片。

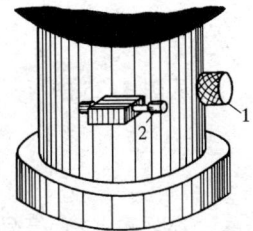

图 3-23　镜头开头

1—光圈拨钮；

2—滤光片掀钮

3.2.3　制作像片平面图的作业过程

目前，大比例尺的像片平面图，多数由一张像片编制而成。下面介绍其作业过程。

3.2.3.1　准备工作

（1）资料

资料包括：航摄底片；纠正点像片；纠正点成果及有关技术指示等。

（2）在底片上刺出纠正点

根据加密像片或外业控制点像片，把纠正点准确的转刺到航摄底片上。刺孔要圆而透亮，误差小于 0.1mm。

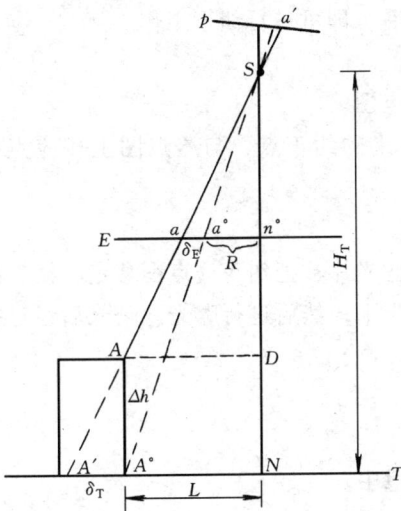

图 3-24　纠正透点图反改投影差示意图

（3）制作纠正透点图

纠正透点图供纠正对点和最后反投图廓及方格网时使用。

使用涤纶透明薄膜，按照成果表和成图比例尺，展绘出图廓线、方格网点，各类埋石点、纠正点和底点。

当纠正点对该图基准面的投影差大于图上 0.1 mm 时，纠正点反向改投影差后，才能供纠正对点使用。当像图比是 1:4 时，假设在像片上算改投影差的误差为 0.1 mm，投影到图上就是 0.4 mm；因此，纠正点的投影差在图板上改正，比在负片上改正的精度高，而且方便。

图 3-24 为摄影几何反转示意图。图中 T 为基准面，p 为底片，E 为图面（即纠正仪承影面）。设位于屋顶上的纠正点为 A，其相应像点为 a。按 A 点坐标展绘在图上的点位为 $a°$；a 点是 $a°$ 点反向改投影差后的中心投影点位。它可代替地面点 A 实现摄影过程的几何反转，达到纠正的目的。

下面推证 $a°$ 点反向改投影差 δE 的计算式：

过 A 点作水平线，与垂线 SN 交于 D 点，则有：

$$SD = H_T - \Delta h；\quad A°N = AD = L$$

由图知，$\triangle AA'A° \backsim \triangle SAD$，所以：

$$\frac{\delta T}{L} = \frac{\Delta h}{H_T - \delta h}，即$$

$$\delta T = \frac{\Delta h}{H_T - \Delta h} \cdot L \tag{1}$$

从图 3-25 中可见：$\delta E = \dfrac{1}{M} \cdot \delta T$，设 $a°n° = R$，则：

$$R = \frac{1}{M}A°N = \frac{1}{M} \cdot L$$

若对式（1）等号两边乘以成图比例尺 $\dfrac{1}{M}$，即得到纠正透点图上反改投影差 δE 的计算式：

$$\delta E = \frac{\Delta h}{H_T - \Delta h} \cdot R \tag{3-3}$$

于是，首先从纠正透点图上量取已知点到底点的距离 R，代入式（3-2）中，计算出该点对基准面的投影差 δE；然后在透点图上沿底点的辐射线 $n°a°$，反向改投影差（即高点向外改，低点向内改）；最后，在上述中心投影点位上画半径为 0.5 mm 的黑圆圈并注上点号后，即得纠正透点图。

若用解析法改正投影差，可依据纠正点、底点的大地坐标值和基准面的高程（h_T），计算各纠正点的投影差 δE；再将各点的 δE 计算分解为坐标改正量 δ_x、δ_y，按投影差的改正规律加入到相应纠正点的坐标值中，打印出各纠正点的中心投影坐标值；接着使用上述数据可以直接展绘出纠正透点图。最后经检查、整饰后，即可进行纠正工作。

3.2.3.2 纠正对点

把航摄底片装入纠正仪上，承影面上放置纠正透点图。

通过纠正仪五个自由度的动作，使底片上投影下来的纠正点，与透点图上相应点重合，便满足纠正对点的精度要求。

3.2.3.3 晒像

在各自由度固定不动的情况下，调好光圈，挡好滤光片；把纠正透点图移走，换上感光材料；放正（使四周纠正点和图廓点都能晒上）并压平；然后进行曝光。曝光后经过摄影处理、晾干，即得成图比例尺的像片平面图。

3.2.3.4 像片平面图的检查和整饰

（1）检查像片平面图的影像质量

像片平面图应满足：影像清晰；色调正常；反差适中。

（2）检查纠正对点精度

把纠正透点图置于像片平面图上面，使相应纠正点重合，当对点误差在限差以内，经合理配赋后，用镇铁压好；然后仔细读出各纠正点的误差和方向，把结果记录在检查表内，如图 3-25 所示。图中箭头表示纠正点影像偏离圆心的方向；数字为误差（以 mm 为单位）；最后，把上述数字代入下式，可计算中误差：

$$m_{对点} = \pm\sqrt{\frac{[\Delta\Delta]}{n}}$$

$$= \pm\sqrt{\frac{(0.1)^2 + (0.3)^2 + 3\times(0.2)^2}{5}}$$

$$= \pm 0.21\text{mm}$$

（3）反投图廓线、方格网点、底点、埋石点

在上述透点图和像片平面图之间关系不变的前提下，用刺点针，把透点图上的图廓线、方格网点、底点和埋石点，垂直的透刺到像片平面图上；然后检查像片平面图的图廓边长、埋石点和底点的精度：使用放大镜和方眼坐标尺，检查图廓边长和对角线的精度，以及图廓点、埋石点和底点的刺点精度（与坐标反算的边长作比较），并逐项记录。

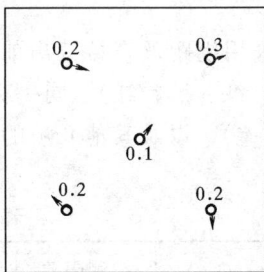

图 3-25　对点精度记录式样

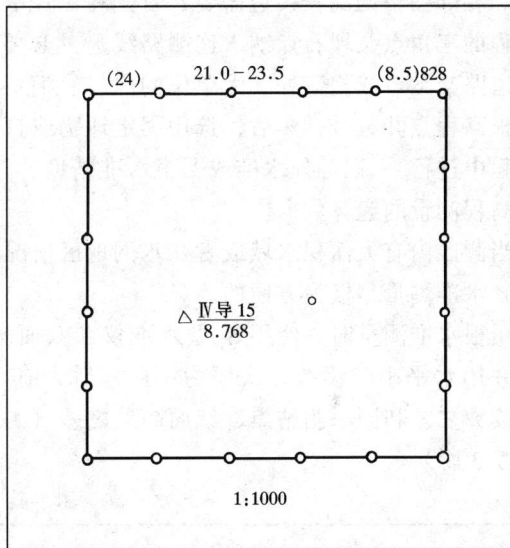

图 3-26　整饰后的像片平面图

如误差超限，则要查明原因，及时改正。

（4）整饰像片平面图

图 3-26 为整饰后的像片平面图。

图中：图廓线为黑色实线（自由图边用红色）；（24）为该图的像片号；21.0—23.5 为图号；（8.5）为基准面的高程；828 为基准面航高；1:1000 为该图的比例尺，埋石点用相应的控制点符号，注明点号和高程（要注意不覆盖重要的地物）。

底点和方格网点为直径为 2mm 的红色圆圈。

3.3　像片平面图测图

3.3.1　像片平面图高程测量

像片平面图高程测量的目的，是按一定的密度或要求测量碎部点的高程，用以作为图

上的高程注记点（或必要时需用以插绘等高线）。这些高程，同时为图上改正地物影像投影差提供高程数据。

像片平面图高程测量分图根高程控制测量和碎部高程测量两部分。它们可以分别进行，也可以同时进行。

在高程测量过程中，要注意量取（或比较出）各房屋的高度和屋檐宽，并用简单的符号记录在相应的影像上，以供下一工序改正影像的投影差时使用。

3.3.1.1 图根高程控制测量

将测区已有的等级水准点或等外水准精度的埋石点的高程，作为图根高程测量的起算数据。

因为是平坦地区，测定高程控制点的方法，通常采用水准测量。

在踏勘测区的基础上，按照技术设计要求、已知水准点的位置，结合测区的具体地理条件和相邻图幅的高程接边需要，首先在像片平面图上选布水准路线，与此同时把需要测定高程的三角点及埋石点纳入连测路线上（必要时可以布设支线水准）；其次，在路线经过的道路交叉口或拐弯处、大单位的门口、河堤拐弯，或者桥、闸等通视良好的位置上，设图根高程点并编号；然后，选用固定地物或打木桩（打木桩可以预先进行，也可以在连测过程中进行），以等外水准或图根水准精度，连测出上述固定点或木桩顶的高程，作为碎部高程测量的起算数据。

当测区内有大面积水域或者在水网地区情况下，利用静水面来传递高程，对等外（或图根）水准测量是极为方便的。

图根水准测量时，使用 S_3 型水准仪和双面木质标尺。采用视距丝直接读出前、后视距，并用水平中丝读数，次序为：后、后、前、前（即黑、红、黑、红）。同一标尺黑、红面读数之差和同一测站黑、红面高差之差（测站的观测限差），以及其他几项的限差均见表 3-3 所列。

水 准 测 量 限 差 表 3-3

类 别	i 角 (′)	路线全长 L km	视 距 m	视距差，m		观测限差 mm	闭合差 mm
				前 后	累 计		
等外	20	15（支线 5）	100	10	50	4，4，6	$35\sqrt{L}$
图根	30	8（支线 4）	100	20	100	4，4，6	$40\sqrt{L}$

支线水准，采用往返测或单程双线观测。

3.3.1.2 碎部高程测量

碎部点的数量，应结合该图的具体情况均匀分布。一般在图上相隔4cm左右要有一个高程点，地形变化大的部分还应适当增加。特别是不绘等高线的平坦测区，图上注记高程点的密度要普遍增加。

注记点的点位，可以在像片平面图上作初步的选定，一般应选在下列位置上：

第一、二类方位物如宝塔、道路交叉和拐弯的中心点；

道路和主要桥梁的中心线；

大单位的门口，大院子和居民地内、外较大的空地；

广场和打谷场；

土堤，河堤，河岸，陡坎的上、下（或测一点加比高注记）；

每块耕地、荒地、草地或坟地；

土堆、坑穴的顶部和底部（或加比高注记）；

农村居民地的村台，城镇居民地建筑物附近的地面等。

高程注记点测定的方法一般采用面积水准测量。方法是：在图根水准以上精度的已知高程点附近，整置水准仪，读取已知点标尺读数，求得水平视线高程，减去所求点上的标尺读数，即得注记点的高程。

设已知点 A 的高程为 h_A，A 点上的标尺读数为 a（如图 3-27 所示），则算出水平视线高程 G 为：

$$G = h_A + a$$

设任意高程注记点 B 的标尺读数为 b，则该点的高程 h_B 为：

$$h_B = G - b$$

碎部点高程测量使用单面标尺。标尺应立于能代表该处地面高程的位置上。

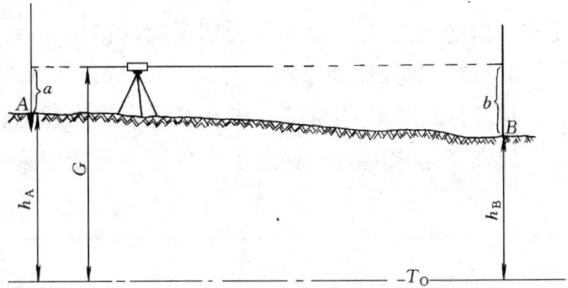

图 3-27　面积水准测量

每个测站均应测出公共点 2～3 个，需站站检查，防止测错高程。

注记点在图上的点位，应根据地物影像的相关位置，采取判读对照的办法当场标到像片平面图上去。

当图内有零星小土丘，用水准仪测碎部点高程有困难时，可使用平板仪测定。

需要绘等高线时，应根据注记点的高程，在实地结合地形的走向，正确绘出。

高程注记点应及时着墨。当注记点对基准面的投影差大于 0.2mm 时，其点位要改正投影差。着墨时，点位要清楚正确（小数点不能代替点位），字头应朝北，字大按规定，并尽量避免覆盖重要的地物影像。

3.3.2 像片平面图调绘

由于像片平面图已完成高程测量的工作，因此，像片平面图调绘的目的是最终获得相应比例尺的、具有图式符号和地理名称等表示地物、地貌正确平面位置的像片原图。

与像片调绘一样，像片平面图调绘通常采用室内判读着铅与实地对照检查相结合的方法。

影响像片影像平面位置的因素主要有：倾斜误差投影差和比例尺。像片平面图经过纠正处理后，已消除了倾斜误差，且基准面的影像比例尺等于成图比例尺。但当地物、地貌高出或低于基准面时，像点的投影差仍然存在，其在图上的影像位置仍有误差。只有改正投影差（改正在基准面上）后，才能得到该地物、地貌在图上的正确平面位置。

补测新增地物和等级水准点时，要结合实地的具体情况选择最佳的补测方法，保证该地物或中心点位置、方向、形状和大小正确无误（与周围地物相关位置误差应小于限差）。

三角点或小三角点（包括5″导线点），其调绘（补测）点位和展绘点位之差应小于限差，并把误差注记在像片平面图图廓线外。然后，汇总计算中误差作为该批图件质量检查的一个数据。若个别点超过限差，必须查明原因，及时改正。

调绘像片平面图必须做到：走到，看清，量准，画正，核实，注意随时复查以杜绝错误或遗漏。

像片平面图调绘后，一般应当天着墨，最迟不超过第二天。着墨要覆盖在所调绘的铅笔线上（要注意防止移位），使地物、地貌符号的位置保持正确。各类图式符号应使用恰当，它们之间的交接要符合要求。图上着墨线条的粗线需保持一致（一般线粗为 0.1 ~ 0.15mm），线条要实在、清楚和光洁。文字和数字注记一定要正确、齐全，特别应注意地理名称的排列位置和字与字之间的间隔，以合理和便于读图为原则。

像片平面图的自由图边应按规定测出图廓线外，遇房屋时要画完整，必须经实地仔细复查，以免因差错而影响与后期图幅的接边。

3.3.3 像片原图接边

像片原图图边的拼接，应在图廓点严密重合的情况下进行。

原图接边限差为地物点平面位置和高程中误差的 $2\sqrt{2}$ 倍（见表3-4）。

原 图 接 边 限 差 表3-4

类 别		中 误 差	接 边 差
平 面 位 置，mm		± 0.5	1.4
高程，m	铺装地面	± 0.07	0.2
	其 他	± 0.15	0.4

当像片平面图无法直接接边时，图边拼接要借助于抄边条进行。

3.3.3.1 抄图边

首先，把画有长直线的透明薄膜蒙到图边上，使直线通过图廓点。固定该抄边条后，分别通过图廓点和方格网点画垂线，就得到该图图廓线的正确位置。

然后，用铅笔将图边2cm内的所有地物、地貌符号、高程和比高，蒙绘到抄边条上。特别要注意准电力线和通讯线的方向线。再写上图号，如图3-28所示。

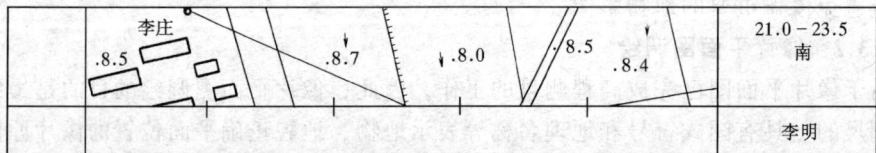

图 3-28 抄图边

3.3.3.2 拼接

把抄好的图边与邻幅图的相应图廓点严密重合后，固定该抄边条，如图3-29；

然后按次序查对图廓线两侧同名地物、地貌符号以及高程、比高等的接边误差，当接边差在限差以内时，原则上两幅图在图边处各改一半。

当遇到道路、水渠、堤、田埂、电力线或通讯线等直线地物时，要从交叉或拐弯点改起，以保证接边后仍为直线。同时注意植被、地物名称和说明注记都应一致。

注记点的高程、等高线和比高等的并接要合理，应符合实际情况，没有矛盾。

通过接边条，使相邻图边全部并接好，如图3-30。然后根据此改正好的接边条蒙到原来的图上，把该图边改好。最后用此图边反复检查，直到相邻图幅完全接好为止。

54

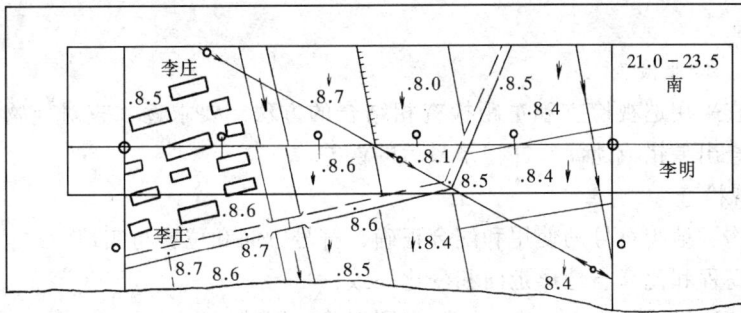

图 3-29　抄边条与邻图幅拼接

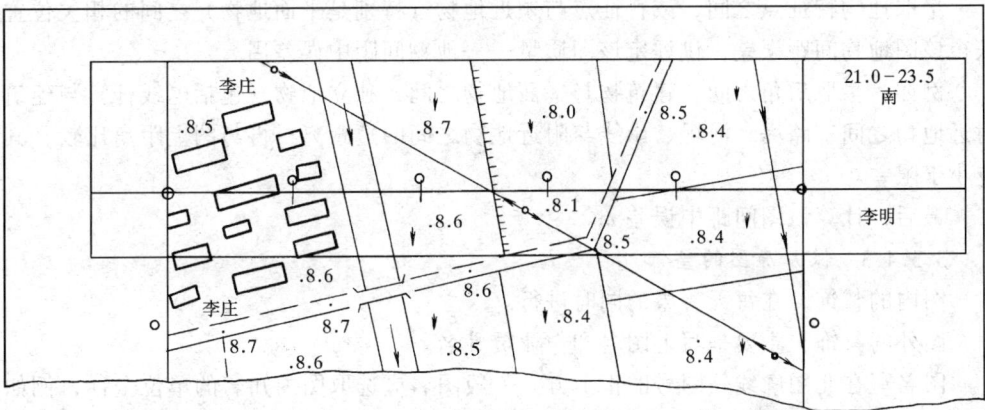

图 3-30　改正后接好的图边

接边时，若发现遗漏或超限，则要分析原因，经实地查对、改正后，再进行接边。

3.3.4　像片原图的检查和整饰

检查像片原图的目的是尽可能发现并及时处理图上存在的错误或遗漏，这是提高图的表示质量和数学精度的重要环节。发现问题后要即刻改正，并记录最后结果。

像片原图要通过 100% 的内业和外业两项检查。通常要由作业员全面检查、整饰好，再交上一级检查、验收。

像片原图的检查方法，与调绘像片的检查大同小异，现简要介绍如下：

3.3.4.1　内业检查

图根高程观测手簿和高程误差配赋手簿要填写齐全，各项原始记录和计算正确无误；

图面清洁、平整，线条统一，符合规定；

各级埋石点调绘点位与展点点位之差，均小于限差；

图内各类地物、地貌符号使用正确，并画在图的正确位置上，特别是房屋的投影差和屋檐宽的改正要正确。

各种地物、地貌符号之间交接清楚，相互间的配置应合理、齐全，没有错误或遗漏；地埋名称和各种文字或数字注记，字头朝北，字位正确和适当；

与四周相邻图幅的图边全部完成接边工作，接接误差小于图上 0.2mm。

图上高程注记点和比高的点位正确，密度反映测区地形的变化，数量满足规范（技术设计）要求。

3.3.4.2 外业检查

外业检查采用巡视检查和量距检查相结合的方法。要求逐一查对地物轮廓和相关位置，尽可能查出差错或遗漏，并记录最后的误差。

（1）巡视检查

图上地物、地貌符号的使用和配合正确，符号方向和位置与实地一致；

图上的高程和比高与地形走向和变化一致；

电力线和通讯线的连接（走向）与类别正确、清楚；

地理名称、说明注记和境界线正确无误。

（2）量距检查

量取地物特征点之间，或特征点与领近地物（特别是平面地物）之间的相关位置，以获得该图地物间距误差，供评定该图质量——地物间距中误差用。

例如，量取房角之间，建筑物与平面地物之间，独立地物（包括电线杆）与建筑物或附近地物之间，路堤、河堤、岸线与附近地物之间的短距离，再与图上距离比较，其误差应小于限差。

最后，计算该图间距中误差 m。

3.3.4.3 像片原图的整饰

图内的整饰，在每天着墨的同时进行。

图外的整饰，主要是写上图名和作业员姓名。

图名写在北图廓线外图号的正上方。一般图名应选取图内知名的单位全称，例如：最高行政单位，长途车站，火车站，大码头，大水闸（船闸），大工厂，学校或居民点名。当该图全是耕地或草地，没有上述地理名称时，则选适当的邻图名加上方位作该图图名，例如："×××东"、"×××南"、"×××西"、"×××北"。应注意：道路或河流名称不得用作图名。

作业员姓名写在南图廓线外的右侧。

复 习 思 考 题

1. 像片平面图测图原理。
2. 像片纠正的理论根据。
3. 像片纠正对像片控制点的要求。
4. 第二类型纠正仪所要满足的几何条件和光学条件有哪些？
5. 纠正仪的自由度指什么？有哪些？
6. 如何编制像片平面图？
7. 像片平面图的作业过程。

第4章 立 体 测 图

所谓立体测图，就是利用立体像对建立按比例缩小的地面几何模型，通过几何模型的量测，测绘出符合规定比例尺的地形图。根据建立几何模型的原理、方法的不同，立体测图通常有模拟法、解析法、全数字摄影测量等三种方法。

4.1 模拟法立体测图

4.1.1 模拟法测图原理

设想把两张相邻的航摄透明像片（即一个立体像对），安装在与航摄仪相同的两个投影器内，恢复内方位并使此两个投影器分别安置在与摄影时完全相同的空间位置上（也即恢复像片的外方位），再经灯光照明，进行反转投影，此时，各同名光线必然对对相交在原地面点上，从而构成与所摄地区完全相同的地面立体模型。这样的立体模型，称为几何模型（此时的比例尺是 1:1），如图 4-1 所示。

在室内测图时，通常需要建立一个按一定比例尺缩小的几何模型。图 4-1 中镜头 S_1、S_2 是航摄时的两个摄影站，摄影站之间的距离称为摄影基线，用 B 表示。假如我们在完成反转投影时，把 S_2 连同航摄影像沿着基线平行地移到 S_2' 处，并在移动过程中保持两投影器的相对方位不变，使移动前、后的各相应光线保持平行，则各同名光线始终保持对对相交，满足三点共线和三线共面的条件，则所构成的新模型 $A'E'C'D'$ 是缩小了的几何模型。像片移动后，两投影器镜头中心 S_1、S_2' 之间的距离 b，称之为投影基线。

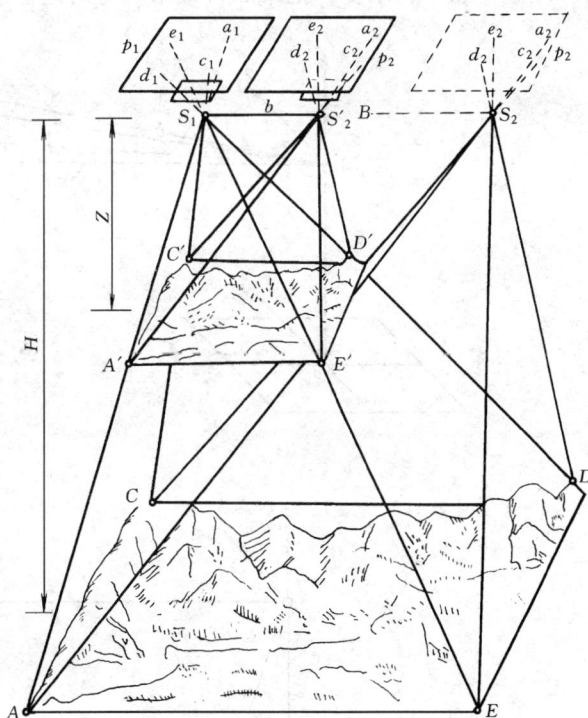

图 4-1 像对摄影过程的几何反转原理

由于改变两投影器之间的距离 b，就改变了几何模型的比例尺。因此，根据成图比例尺的需要，可设定适当的投影基线 b 值，来调整模型比例尺的大小，$\dfrac{1}{m_模} = \dfrac{b}{B}$。

根据模拟法测图的原则，可把其作业过程归纳为以下几步：

（1）装片归心，恢复内方位。

（2）相对定向　使两投影器恢复到摄影时的相对方位（即满足三线共面条件），使投影的同名光线对对相交，建立一个与实地相似的立体模型。

（3）绝对定向　确定模型的比例尺和模型置平——恢复模型在大地坐标系中的绝对方位，从而得到所需比例尺的几何模型。

（4）测绘地形图　对几何模型进行高程点量测和地物、地貌的测绘，最后得到相应比例尺的地形图。

4.1.2　像对的相对定向元素和绝对定向元素

由模拟法立体测图原理可知，实施摄影过程几何反转，就是在已恢复像片内方位元素基础上，正确安置十二个外方位元素，即：

左像片：
$$\left.\begin{array}{l} X_{S_1}、Y_{S_1}、Z_{S_1}、\varphi_1、\omega_1、\kappa_1 \\ X_{S_2}、Y_{S_2}、Z_{S_2}、\varphi_2、\omega_2、\kappa_2 \end{array}\right\} \tag{a}$$

由于建立几何模型只需利用像片间的相互关系即可实现。现假设以左像片为基准，即：

式（a）中第一行不变，把第二行减第一行的差值列为第二行，于是得：

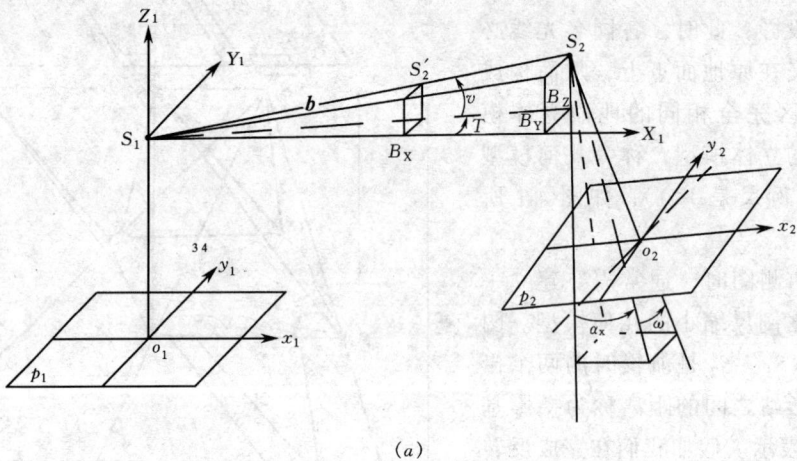

(a)

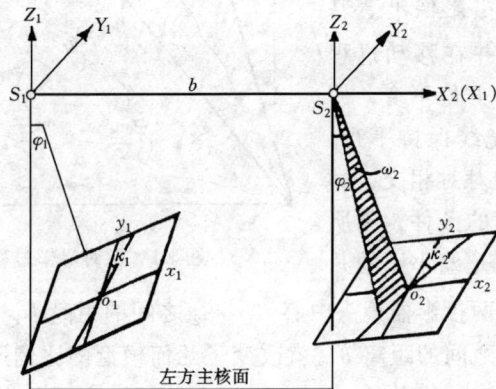

(b)

图 4-2

58

$$X_{S_1}、Y_{S_1}、Z_{S_1}、\varphi_1、\omega_1、\kappa_1 \atop \Delta X、\Delta Y、\Delta Z、\Delta\varphi、\Delta\omega、\Delta\kappa \Bigg\} \quad (b)$$

式中，ΔX、ΔY、ΔZ 是摄影基线 B 在坐标系中三轴的分量，故可用 B_X、B_Y、B_Z 表示，所以式（b）又可写成：

$$X_{S_1}、Y_{S_1}、Z_{S_1}、\varphi_1、\omega_1、\kappa_1 \atop B_X、B_Y、B_Z、\Delta\varphi、\Delta\omega、\Delta\kappa \Bigg\} \quad (c)$$

考虑到 B_X 元素与建立几何模型无关，可将其列入式（c）的第一行，从而式（c）表示为：

$$B_X、X_{S_1}、Y_{S_1}、Z_{S_1}、\varphi_1、\omega_1、\kappa_1 \atop B_Y、B_Z、\Delta\varphi、\Delta\omega、\Delta\kappa \Bigg\} \quad (d)$$

如图 4-2 所示。

式（d）中第二行的五个元素，称为相对定向元素；第一行中的七个元素，由于是确定模型大小与空间方位的数据，所以称为绝对定向元素。

鉴于第一行中各元素代表的含义已发生转移，若将它们分别由 b、X、Y、Z、Φ、Ω、K 替换，则与它们真正含义更贴切些，也不会产生混淆。

需要说明的是，上述五个相对定向元素不是惟一的，例如：

保持投影基线不动，取它作为像空间辅助坐标系的 X 轴，以左方投影中心 S_1 作为坐标原点，通过原点与左方主核面相垂直的方向线作为 Y 轴，如图 4-2（b）所示，相对于这样一个像空间辅助坐标系而言，方位元素有五个：φ_1、κ_1、φ_2、κ_2、ω_2，并称它们为单独像对的相对定向元素。

4.1.3 模拟测图仪

应用光线或机械的投影方式来模拟一个像对的摄影过程几何反转原理进行地形图测绘的测图仪，称为模拟测图仪。

模拟测图仪的种类很多，但若按它们投影方式来分类，则可分为光学投影型与机械投影型两大类。

4.1.3.1 多倍投影测图仪

多倍投影测图仪（简称多倍仪），它属于光学投影型的立体测图仪。因为立体像对的同名射线，多倍仪是用光线来体现的。

图 4-3 是多倍仪全貌图。仪器主要由座架、投影器和测绘器所组成。

仪器座架由横梁和两个"⊥"形支柱所组成安装在绘图桌面上。横梁由套筒与左、右两个支柱相联系，利用手轮可使横梁带着悬挂的投影器作上下升降或左右倾斜。利用两个"⊥"形支柱下端前面的或后面的一

图 4-3

对脚螺旋可使仪器作前后倾斜。上述两种倾斜在模型绝对定向时将起公共倾斜角 Φ 和 Ω 的作用。

投影器由投影镜箱、照明设备和基线支架所组成。基线支架连同投影器悬挂在横梁上。每一个投影器都可作 φ、ω、κ 三个角运动和 b_x、b_y、b_z 三个直线运动，如图 4-4 所示。投影器的安片框上装有承片玻璃，中央有一小黑点，标志像主点的位置。将缩小的透明正片安放到承片框上时，用偏心螺丝使透明正片的主点与安片框主点重合，称为归心，以恢复相应的内方位元素。有的仪器没有承片玻璃，需用专门的归心设备进行归心。照明设备包括光源（电灯）、聚光镜和互补色滤光片。为了使投射下来的光亮均匀，可调整灯泡的位置，还可以用变阻器调节亮度的强弱。

测绘器是量测模型，测绘地物、地貌用的。具体结构如图 4-5 所示。在马蹄形的基座上固定着两根垂直导杆，导杆的水平支臂上装有测标盘，作为观测模型的承影面。测标盘中央有一小孔，由水平支臂筒内的小灯泡照明而成为量测模型用的光点测标。测标的亮度可由基座右边的变阻钮调整。

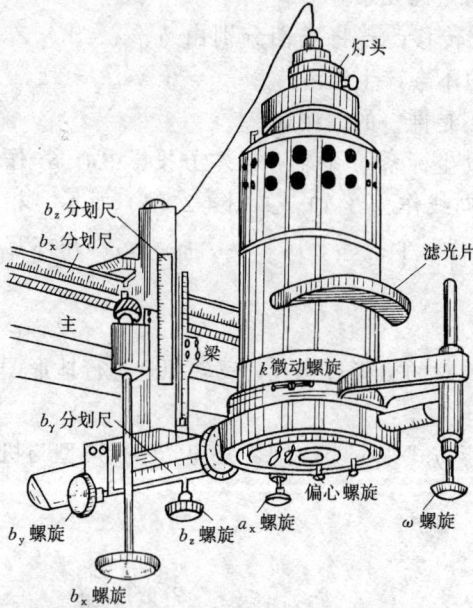

图 4-4

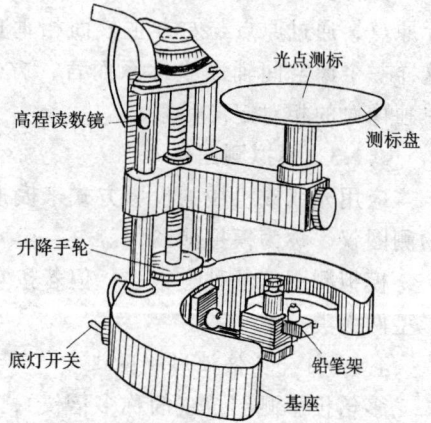

图 4-5

转动升降手轮，可使测标盘作垂直升降。从放大镜处可读出模型点的高差（最小刻划为 0.1mm，可估读到 0.05mm）。

在基座中央处，有一个方块状的铅笔架。若使铅笔尖与光点测标位在同一铅垂线上，可获得模型上地物、地貌的垂直投影点位、图形和等高线。

在光学中，如果两种颜色的光经混合后成为白光，则这两种颜色称为互补色。多倍仪就是采用互补色法进行分像的。

在投影器插口处，可分别插入互补色滤光片。若左投影器插入红色滤光片，就使原来投影在测标盘上的白底黑像成了红底黑像；若右投影器插入绿色滤光片，则投影在测标盘上的就是绿底黑像。

当两投影器的灯光同时打开，红底黑像和绿底黑像重叠在一起，此时，底色红与绿混合成白色。显然，左片的黑像受右边的绿光照射而呈绿色；右片的黑像受左边的红光照射后而呈红色。这样，观察者戴上左红右绿的互补色眼镜，观察上述影像时经互补色分像，戴红镜片的左眼只能看到左片的影像；戴绿镜片的右眼只能看到右片的影像，既满足了左眼看左像、右眼看右像的条件，又能获得了良好的立体效果。

4.1.3.2 $B8_S$ 立体测图仪

$B8_S$ 立体测图仪是瑞士威特厂生产的。立体像对的同名射线，该仪器采用空间机械导杆来体现。因此，它属于机械投影型立体测图仪。图 4-6 为其结构示意图。

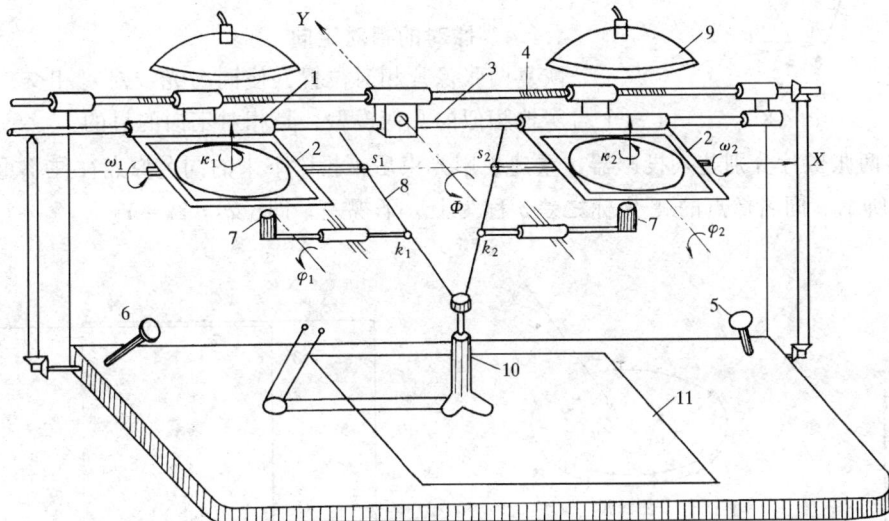

图 4-6

1—黑臂架；2—w 框架；3—基线管；4—基线导杆；5—b_y 手柄；6—Φ 手柄；7—物镜；

8—投影导杆；9—照明灯罩；10—测绘器；11—大理石工作面

该仪器的投影器没有缩小，用于测图的最大像幅 23cm × 23cm，可通过换主距架的方式，安置五种投影主距。两投影器可沿基线管方向相对运动，可进行 φ、ω、κ 三个角运动，但无法沿 Y、Z 方向作直线运动。因此，该仪器的相对定向是由 φ_1、κ_1、φ_2、ω_2、κ_2 五个角元素来实现。

机械导杆可绕投影中心（S）在空间旋转，可在其万向关节中上下滑动，但无法直接通过像点，只能将像片安排在导杆的外侧了。如图 4-7 所示。

由图 4-7 可知，观测像点的物镜位于定长拉杆 L 的一端，拉杆另一端与机械导杆在 k_1、k_2 处用万向关节联结。由于拉杆始终与像片面平行，

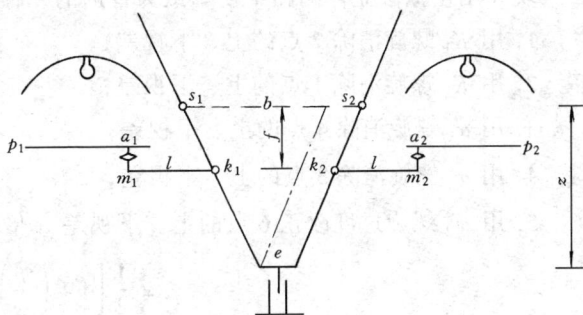

图 4-7

所以拉杆运动平面相当于位于正片位置的参考像片。k_1、k_2 则为同名的参考像点，投影中心 S_1、S_2 至参考像片的距离为投影主距 f。

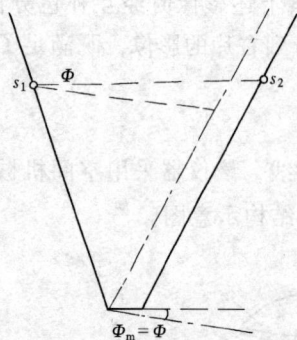

图 4-8

由于两导杆不交于一点而相距为 e，当转动 Φ 手轮进行模型的航向倾斜时，需在测绘台上安置 $\Phi_m = \Phi$。如图 4-8 所示，模型的旁向倾斜则是由两投影器的等量倾斜 $\omega_1 = \omega_2 = \Omega$ 来实现，因为该仪器没有公共倾角 Ω 的装置。

$B8_S$ 的观测系统比较复杂。由于光学系统中部分为可动光路，所以光路中设置了旋像棱镜，用以消除产生的转影现象。

4.1.4　像对的相对定向

恢复两张像片相对位置，使同名光线对对相交，建立一个与实地相似的几何模型，是相对定向的目的。

将两张像片分别装入投影器，重建投影光束后，投影下来的同名像点往往不重合，如图 4-9 所示。同名像点的 Y 坐标之差 q 称为上、下视差，即：$q = Y_1 - Y_2$。

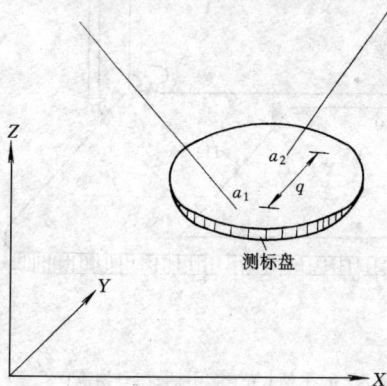

图 4-9

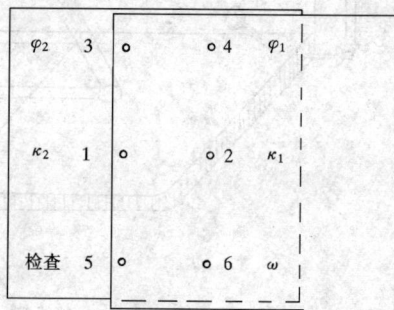

图 4-10

一个像对内同名光线有无穷多，但从理论上讲，利用投影器的转动，如能使其中五个点的上、下视差为零，那么剩余点的同名光线也能对对相交。这五个点习惯上称其为定向点。为了检核，通常还需增加一个检查点。可以证明，当六个定向点位于图 4-10 中所示的位置时，相对定向的精度最高。

现介绍模拟法立体测图中使用最为普遍的一种相对定向方案：

1. 用 K_1 螺旋消除 2 点的上、下视差；

2. 用 K_2 螺旋消除 1 点的上、下视差；

3. 用 α_{x_1} 螺旋消除 4 点的上、下视差；

4. 用 α_{x_2} 螺旋消除 3 点的上、下视差；

5. 用 ω_2 螺旋过度改正 6 点的上、下视差 μ 倍

$$\mu = \frac{1}{2}\left[1 + \left(\frac{f}{y}\right)^2\right];$$

6. 重复 1~5 步动作，逐渐趋近。最后检查 5 点上、下视差的残留情况，如不在限差

内，再重复趋近一次。直至六个点的上、下视差全部符合《规范》要求。

4.1.5 模型的绝对定向

像对经相对定向后，建立的几何模型虽然与实地相似，但模型的比例尺及模型在大地坐标系中的方位是任意的。这是由于七个绝对定向元素（b、X、Y、Z、Φ、Ω、K）还没有得到恢复的缘故。在七个绝对定向元素中：b 是模型基线，即两投影中心 S_1 与 S_2 间的距离，它的长度决定着几何模型的大小；X、Y、Z 是几何模型相对于大地坐标系的平移量；Φ、Ω、K 是几何模型相对于大地坐标系的旋转量。由此可见，确定模型的大小与模型在大地坐标系中

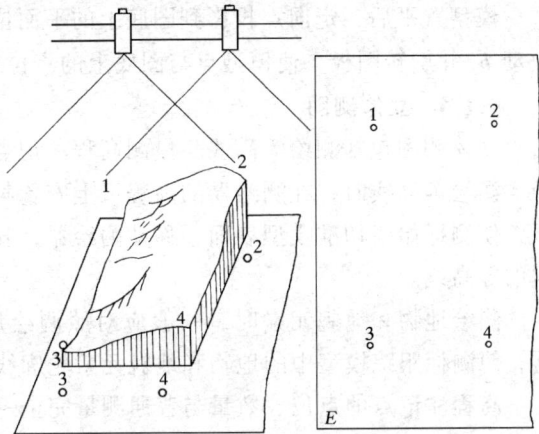

图 4-11 模型点与图板相应点

方位的工作，称为模型的绝对定向。从理论上讲，模型的绝对定向至少需要不在一条直线上的三个控制点，其中两个点已知平面坐标和高程，另一个只需高程。生产实践中，通常在模型的的四个角上各布设一个既有平面坐标又有高程的控制点，如图 4-11 所示。现将模型绝对定向的作业方法简要介绍如下：

（1）确定模型比例尺

1）立体切准 3 点，移动图底使点位对准绘图笔；

2）立体切准 2 点，并以 3 点为圆心旋转图底，使绘图笔落在 3 点与 2 点的连线方向上。绘图笔尖与 2 点的距离 Δl 就是对点误差；

3）改变投影基线 b，在改正 $\dfrac{\Delta l}{2}$ 后移动图底，使立体切准 3 点时，2 点也同样能对好。

以上步骤需反复进行，直至 3 和 2 两点全部对准，并用剩余点检核。

（2）模型置平

若当模型上成正交的三个定向点的高程量测值与按模型比例尺缩小后的已知高程完全一致时，就实现了模型置平，即说明模型的高程方位得到恢复。

用测绘器分别立体切准定向点 3、4 和 1，其读数为 v_3、v_4 和 v_1，计算出这三个模型点在 X 和 Y 方向上的两组模型高差为：

$$\Delta h'_X = V_1 - V_3 ; \quad \Delta h'_Y = V_4 - V_3$$

点 3、4 和 1 之间的已知高差，按模型比例尺缩小后为：

$$\Delta h_X = \frac{h_1 - h_3}{m_{高}} ; \quad \Delta h_Y = \frac{h_4 - h_3}{m_{高}}$$

与 $\Delta h'_X$ 和 $\Delta h'_Y$ 比较，就可以求出模型的高程误差 δh_X 和 δh_Y：

$$\delta h_X = \Delta h'_X - \Delta h_X$$

$$\delta h_Y = \Delta h'_Y - \Delta h_Y$$

多倍仪上是利用主梁升降手轮和同侧脚螺旋的升（或降）；$B8_S$ 则是利用 Φ 手轮及两投影器的 ω_1、ω_2 作同向等量旋转分别消除 δh_x 和 δh_y 来完成模型置平的。

最后，用第四个定向点（即 2 点）作检查。若在限差以内时，适当配赋到最佳位置。

模型置平后，定向点投影到图底上的平面位置会出现微小的移位。因此，要通过稍微改动 b_x 并旋转图板，使模型点与图底上的点位对好为止。

4.1.6 立体测图

立体测图包括测绘等高线、量测高程注记点、测绘地物与地貌元素等。

测绘等高线时，在测绘器的高程尺上安置某条曲线的高程值并保持不变。在立体观察下，使测标始终切准模型表面，移动测绘器，安装在它下面的铅芯就连续地描绘出相应高程的等高线。

测绘地物和地貌元素时，一般应对照调绘片进行。在立体观察下，要不断升降测绘器，使测标跟踪模型中的地物和地貌元素轮廓线。

高程注记点的点位、数量与普通测量完全一致。

4.2 解析法立体测图

4.2.1 解析法立体测图原理

根据数学原理用解析方式实施摄影过程的几何反转，换句话说，像片的内定向，像对的相对定向、绝对定向，像点坐标与模型点坐标都是用计算的方法解求的，这就是解析法立体测图的基本原理。现将解析法立体测图中一些基本数学公式介绍如下：

4.2.1.1 解析法相对定向

同名光线对对相交，其数学含义就是三矢量共面，即：

$$\vec{B} \cdot (\vec{Sa} \times \vec{S'a'}) = 0 \tag{4-1}$$

用坐标形式可表示为：

$$F = \begin{vmatrix} B & 0 & 0 \\ u & v & w \\ u' & v' & w' \end{vmatrix} = 0 \tag{4-2}$$

式中　u，v，w——左片像点 a 在左片像空间辅助坐标系 S—uvw 中的坐标；

u'，v'，w'——右片像点 a' 在右片像空间辅助坐标系 S'—u'，v'，w' 中的坐标；

B——摄影基线。

由于共面条件式是非线性函数，需按泰勒级数展开，并只取一次项：

$$F = F_0 + \frac{\partial F}{\partial \varphi}\Delta\varphi + \frac{\partial F}{\partial K}\Delta K + \frac{\partial F}{\partial \varphi'}\Delta\varphi' + \frac{\partial F}{\partial K'}\Delta K' + \frac{\partial F}{\partial \omega'}\Delta\omega' \tag{4-3}$$

式中　　　　　　　　F_0——函数值的近似值；

$\Delta\varphi$、ΔK、$\Delta\varphi'$、$\Delta K'$、$\Delta\omega'$——相对定向元素近似值的改正数。

在求出五个偏导数后，考虑到相对定向元素的改正数只取一次项，因而 u、v、w 及 u'、v'、w' 可分别用 x、y、$-f$ 和 x'、y'、$-f$ 近似代替，经整理后可得相对定向的一次项公式：

$$-\frac{xy'}{f}\Delta\varphi + \frac{x'y}{f}\Delta\varphi' - x\Delta K + x'\Delta K' + \frac{f^2 + YY'}{f}\Delta\omega' + \frac{F_0}{f} = 0$$

当令 $q = -\dfrac{F_0}{f}$ 时，则有：

$$q = -\frac{xy'}{f}\Delta\varphi + \frac{x'y}{f}\Delta\varphi' - x\Delta K + x'\Delta K' + \frac{f^2 + YY'}{f}\Delta\omega' \tag{4-4}$$

该式即为解析法相对定向的作业公式。

每量测一对同名像点即可列出一个 q 方程式，当视 q 为观测值时，其误差方程形式为：

$$v_g = -\frac{xy'}{f}\Delta\varphi + \frac{x'y}{f}\Delta\varphi' - x\Delta K + x'\Delta K' + \frac{f^2 + YY'}{f}\Delta\omega' - q \tag{4-5}$$

式中，$q = -\dfrac{F_0}{f} = -\dfrac{\begin{vmatrix} v & w \\ v' & w' \end{vmatrix}}{f} = -\dfrac{w'v - v'w}{f}$

由于参加相对定向的点数一般都多于五个点。因此应按最小二乘法原理求解五个相对定向元素。

为了叙述上的方便，可将误差方程用通式表示为：

$$v = a\Delta\varphi + b\Delta\varphi' + c\Delta K + d\Delta K' + e\Delta\omega' - l \tag{4-6}$$

其矩阵表达式是：

$$v = BX - L \tag{4-7}$$

$$v = \begin{bmatrix} v_1 & v_2 \cdots\cdots v_n \end{bmatrix}^T$$

式中

$$B = \begin{bmatrix} a_1 & b_1 & c_1 & d_1 & e_1 \\ a_2 & b_2 & c_2 & d_2 & e_2 \\ \cdots & \cdots & \cdots & \cdots & \cdots \\ a_n & b_n & c_n & d_n & e_n \end{bmatrix}$$

$$L = \begin{bmatrix} l_1 & l_2 \cdots\cdots l_n \end{bmatrix}^T$$

$$X = \begin{bmatrix} \Delta\varphi & \Delta\varphi' & \Delta K & \Delta K' & \Delta\omega' \end{bmatrix}^T$$

法方程的矩阵表达式是：

$$B^T B X - B^T L = 0 \tag{4-8}$$

法方程的解为：

$$X = (B^T B)^{-1} B^T L \tag{4-9}$$

由于相对定向方程式为只取一次项的近似公式，因此，相对定向元素的解求，是采用逐渐趋近的算法。

4.2.1.2 计算模型点坐标

像对经相对定向后，左、右两张像片的三个角元素已分别求出，此时同名像点在像空间辅助坐标系中的坐标可用下式分别计算：

$$\begin{bmatrix} u \\ v \\ w \end{bmatrix} = \begin{bmatrix} a_1 & a_2 & a_3 \\ b_1 & b_2 & b_3 \\ c_1 & c_2 & c_3 \end{bmatrix} \begin{bmatrix} x \\ y \\ -f \end{bmatrix} \tag{4-10}$$

$$\begin{bmatrix} u' \\ v' \\ w' \end{bmatrix} = \begin{bmatrix} a_1' & a_2' & a_3' \\ b_1' & b_2' & b_3' \\ c_1' & c_2' & c_3' \end{bmatrix} \begin{bmatrix} x' \\ y' \\ -f \end{bmatrix} \tag{4-11}$$

左、右像点的投影系数分别为：

$$N = \frac{bw'}{uw' - u'w} \tag{4-12}$$

$$N' = \frac{bw}{uw' - u'w} \tag{4-13}$$

从而模型点的坐标为：

$$\left. \begin{array}{l} U = Nu = b + N'u' \\ V = Nv = N'v' \\ W = Nw = N'W' \end{array} \right\} \tag{4-14}$$

4.2.1.3 解析法模型的绝对定向

将模型点在像空间辅助坐标系中的坐标变换到地面坐标系中，这就是解析法模型的绝对定向。其数学公式为：

$$\begin{bmatrix} X \\ Y \\ Z \end{bmatrix} = \lambda \cdot \begin{bmatrix} a_1 & a_2 & a_3 \\ b_1 & b_2 & b_3 \\ c_1 & c_2 & c_3 \end{bmatrix} \begin{bmatrix} U \\ V \\ W \end{bmatrix} + \begin{bmatrix} \Delta X \\ \Delta Y \\ \Delta Z \end{bmatrix} \tag{4-15}$$

式中 λ——模型缩放比例因子；

a_i、b_i、c_i——由角元素 Φ、Ω、κ 的函数组成的方向余弦；

ΔX、ΔY、ΔZ——模型平移量。

从而 λ、Φ、Ω、K、ΔX、ΔY、ΔZ 等七个未知数称为绝对定向元素。

为了便于计算，需要将上式线性化，当把 U、V、W 视为观测值时，对每一个对应的控制点可列出 3 个误差方程。当误差方程的个数多于七个时，则应对其进行法化。解求未知数时，仍采用逐渐趋近的方法。

在解求出七个绝对定向元素后；再次使用上式，就可将模型点坐标 U、V、W 化算为地面坐标系中坐标 X、Y、Z。

4.2.1.4 单像空间后方交会

在解析法立体测图中，可以将相对定向与绝对定向合并为一步，直接解求出像片的外方位元素。其数学公式为：

$$\begin{cases} x = -f \dfrac{a_1(X - X_S) + b_1(Y - Y_S) + c_1(Z - Z_S)}{a_3(X - X_S) + b_3(Y - Y_S) + c_3(Z - Z_S)} \\ y = -f \dfrac{a_2(X - X_S) + b_2(Y - Y_S) + c_2(Z - Z_S)}{a_3(X - X_S) + b_3(Y - Y_S) + c_3(Z - Z_S)} \end{cases} \tag{4-16}$$

式（4-16）是非线性函数，为了便于计算，需按泰靳级数展开，即线性化。当有多余观测值，还应对误差方程法化，最后求出像片的外方位元素。

4.2.2　解析测图仪测图过程简介

应用数学投影方式进行立体测图的仪器，称为解析测图仪。解析测图仪的型号很多，如：OPTON 厂生产的 Planicomp C 系列、Wild 厂生产的 BC 系列及国产 APS—1 等，但它们的基本结构是一致的，都是由立体坐标量测仪、计算机、绘图仪等三个基本部分组成。

立体坐标量测仪主要由像片的 X、Y 车架及观测系统组成，用于像片的观察与量测。

计算机是解析测图仪的心脏，担负着全部数据的计算和管理工作。

绘图仪为平台式跟踪绘图机，它由两个相互垂直的传动系统来驱动绘图笔的运动，在计算机的控制下，能输出直线、曲线、各种复杂的图形以及数字和文字的注记。

解析测图仪测图前，先将摄影主距、底片伸缩系数、物镜畸变差、地球曲率、大气折光等数据输入到计算机中。

内方位元素的确定方法是使用浮游测标观测各像片的四个框标，由计算机根据这些观察数据自动解算出每张像片主点位置和改正后的主距值。并在以后的模型点量测时，以之对量测所得的坐标进行逐点改正。

相对定向仍然是立体观测五个以上的点，观测过程中量测数据自动输入计算机，由计算机按照相对定向元素的计算公式（如超过五个点时，以最小二乘法运算程序）计算出五个相对定向元素，把运算成果包括方向余弦存储在计算机的相应单元中，至此相对定向工作即告完成，此时立体观察任意模型点时，计算机就实时运算，并驱动像片盘和观测系统相对移动，使看到的是不含有上下视差的立体模型。

绝对定向也是按照一般全能法测图的方法进行的，即立体观测三个控制点，不过在事先已将控制点的地面坐标值输入计算机，所以当立体观测控制点的观测值自动输入计算机后，就可由计算机按绝对定向公式计算出绝对定向元素和方向余弦，并将它们存储到计算机的相应单元中。至此，模型的绝对定向工作即告完成，此时立体照准任意模型点时，在 Z 分划尺上的高程值就是该点实地高程，在绘图仪上的测笔位置就是该点地面坐标。

测绘等高线是先用 Z 脚轮安置所测等高线的高程数值，然后在立体观察下转动 X 手轮和 Y 手轮使浮游测标在立体模型表面移动，这时电子系统进行高速实时计算和输入伺服系统，一方面驱动观测系统和两像片盘作 x 和 y 运动，另一方面驱动绘图仪上的绘图头不断地作 nX 和 nY 运动，从而与浮游测标同步地在图底上绘出等高线。

复 习 思 考 题

1. 立体测图有几种方法？
2. 何谓相对定向元素？相对定向的目的是什么？
3. 何谓绝对定向元素？绝对定向的目的是什么？
4. 模拟法相对定向作业步骤。
5. 模拟法绝对定向的作业步骤。
6. 解析法相对定向作业公式。
7. 解析法绝对定向作业公式。
8. 解求模型点大地坐标作业公式。
9. 单像空间后方交会的目的及其公式。
10. 数字摄影测量的基本概念。

第5章 像片控制测量

像片控制测量包括外业的像片连测和内业的解析空中三角测量两部分。前者是以测区5″以上的平面控制点和等外水准以上的高程控制点为基础，采用地形控制测量的方法，在测区像片的规定范围内，连测出像片上明显地物点（称为像片控制点）的大地坐标，并在实地把点位准确刺到像片的整个作业过程；后者在已有少量像片控制点的基础上，采用解析空中三角测量方法，将航线摄影瞬间的地面点、摄站（即投影中心）和相应像点构成空间三角锁，解析地加密出测图所需的像片纠正点、定向点等加密点的大地坐标。所以说，像片控制点是航测内业加密控制点和测图的依据。

当测区已知大地点较少，不能满足像片连测需要时，应在国家等级控制网的基础上扩展，经选点、埋石，建立起基本控制网（点）。其方法是根据测区面积大小酌情以三、四等或5″级控制测量的精度，布设 GPS 网或导线网，解算出基本控制点的平面坐标；再沿着主要道路敷设四等水准路线，解求基本控制点的高程，这样基本控制点就可作为像片连测的起始数据。

像片控制点分三种：像片平面控制点（简称平面点），只需连测平面坐标；像片高程控制点（简称高程点），只需连测高程；像片平高控制点（简称平高点），要求平面坐标和高程都应连测。

像片控制测量的平面连测，可根据测区地形、地物覆盖的具体情况，选用电磁波测距导线、支导线或引点法施测；高程连测可选用三角高程、独立交会高程、等外水准或测图水准施测。在城市和隐蔽地区像片连测中，由于通视情况极差，如果采用 GPS 进行像片控制点测量，不仅可以快速、准确地解求像片控制点的平面坐标，高程也能一并求出，所以用 GPS 进行像片连测已成为生产部门一种主要作业手段。这些在测区实测的点又称为野外控制点。

野外控制点除少数测区按全野外布点连测后，直接用于内业测图作业外，通常都采用非全野外布点方式作业，即连测少量的像片控制点，作为内业控制加密的起始数据。然后采用解析空中三角测量（简称电算加密），解算出内业测图所需纠正点或定向点的大地坐标值以及测图所需的有关数据。这样，在满足成图精度的前提下，可减少野外工作量，提高作业效果，是目前普遍采用的方法。

5.1 像 片 连 测

5.1.1 像片布点方案

像片控制点的布点方案，主要根据测区地形、成图方法、成图比例和航摄比例尺（像图比）、仪器设备等因素决定。

像片布点方案还与内业控制加密和测图的精度直接有关。无论采用何种方案布点，像片控制点的数量和在像片上位置，既要保证成图质量，又要便于外业连测和内业作业，同时要尽量能公用。

凡内业测图所需的纠正点或定向点，要求全部在野外测定时，需按全野外布点。当只要求测定少量像片控制点，作为内业控制加密的起始数据时，则按非全野外布点。

5.1.1.1 全野外布点

当像图比较大，内业加密精度不能满足要求；或其他因素无法进行电算加密时，才采用全野外布点。

（1）像片平面图测图全野外布点

为满足对点法纠正和保证纠正像片之间的连接，要求分布在纠正面积四角上的纠正点，布设在隔片像片的航向重叠中线和旁向重叠中线交点1cm以内，尽量公用。保证每张纠正像片布设5个平高点，如图5-1所示（图中虚线为重叠中线）。

若重叠错开，则应分别布点，如图5-2所示。

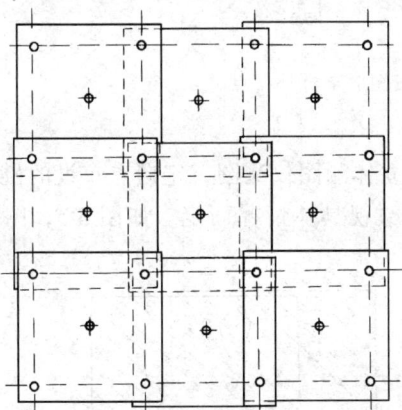

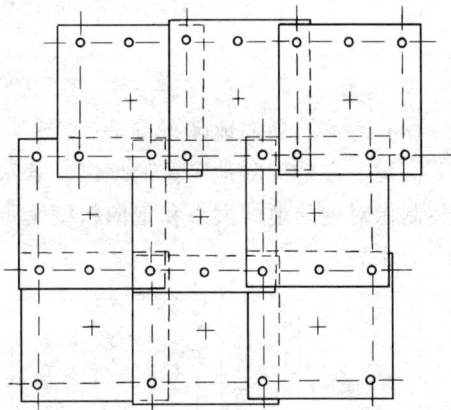

图 5-1　像片平面图测图布点（重叠中线）　　　　图 5-2　像片平面图测图布点

（2）立体法测图全野外布点

按照模型绝对定向的要求，每个单模型测绘面积四角上布设四个平高点作为定向点。为了模型之间的连接和使定向点标准化，及提高定向精度和速度，定向点应布设在航向三度重叠中线和旁向重叠中线交点1cm之内，并位于主点上、下方，如图5-3所示（图中"+"为像主点）。

当成图比例尺较大，成图精度要求高，而内业加密点的高程精度不能满足要求时，定向点的高程需采用全野外布点。至于其平面位置，由于内业平面加密精度较高，因此，可按非全野外布点，只在野外实测少量定向点的平面位置，由内业加密大部分定向点的平面位置。

（3）按图廓全野外布点

当一张像片覆盖一幅图的情况下，应把位于像片四角的点布在图廓点上，其余

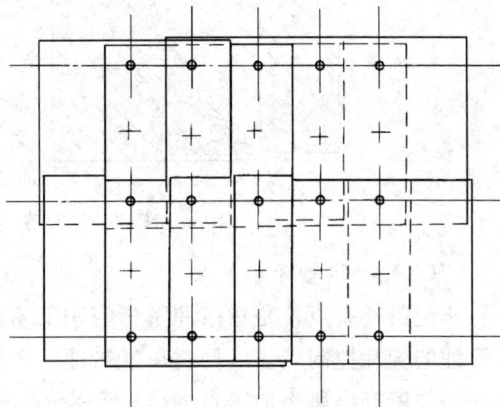

图 5-3　立体法测图布点

点位不变。

图 5-4 为像片平面图测图按图廓全野外布点图，图中的长实线为图廓线。

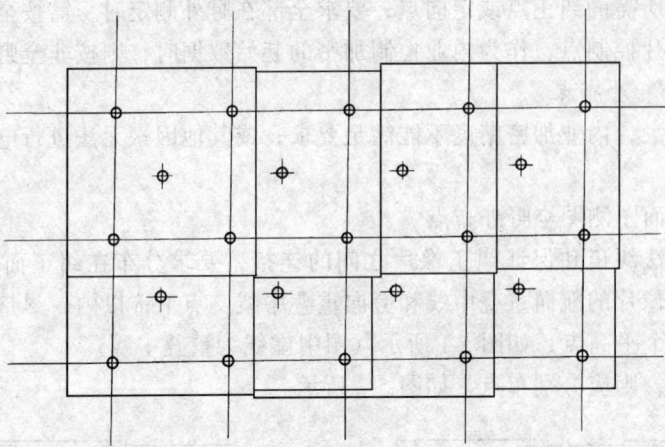

图 5-4　像片平面图测图按图廓全野外布点

（4）海湾、岛屿地区布点

海湾、岛屿等陆地零星的地区，若采用精密立体测图仪测图，定向点布设的位置应以能控制像对内陆地的大小和定向精度为原则，点数视具体情况而定。如图 5-5，图中斜线部分为水域。

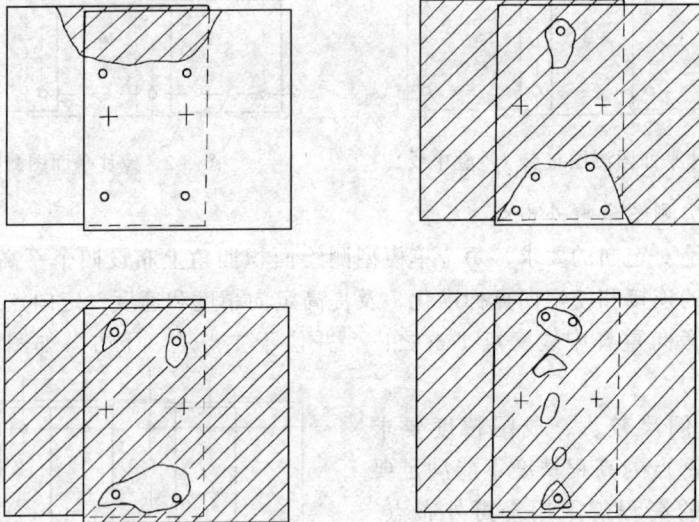

图 5-5　海湾、岛屿地区的布点

5.1.1.2　非全野外布点

非全野外布点，是指按照解析空中三角测量的精度要求，提供足够数量位于像片规定位置处的像片控制点。以便将单航带或一个区域的摄影测量成果，纳入到一个整体平差运算内，并解算出所需加密点的坐标和高程，供内业测图使用。

以一条航线为一个区域的加密，称为单航带法加密；以若干条航线为一个区域的加密，称为区域网加密。这两种控制点的加密方法，布点上大同小异。后者所需的像片控制点数少，优越性明显，故广泛采用。

根据量测像点坐标进行的内业加密，虽经大气折光差、镜头畸变差、底片伸缩变形等多种系统误差改正，像点坐标的误差仍然不可避免。残余的系统误差和观测产生的偶然误差在构网中的累积，使航线网产生复杂的非线性的变形。经研究发现这种变形近似于数学上的多项式曲面。故可用二次多项式曲面近似公式来计算各加密点的变形值：

$$\left.\begin{array}{l} \delta_X = A_0 + A_1X + A_2Y + A_3X^2 + A_4 \cdot X \cdot Y \\ \delta_Y = B_0 + B_1X + B_2Y + B_3X^2 + B_4 \cdot X \cdot Y \\ \delta_Z = C_0 + C_1X + C_2Y + C_3X^2 + C_4 \cdot X \cdot Y \end{array}\right\} \tag{5-1}$$

式中　　δ_X、δ_Y、δ_Z——加密点的非线性变形坐标改正数；

A_i、B_i、C_i——非线性变形多项式的系数是独立的，可分别解算；

X、Y——概略定向后计算出的加密点坐标值。

从上列二次多项式可知：要确定加密点的非线性变形改正，就必须求出多项式的 15 个系数，即要列出 15 个方程式才能联立求解。因此，最少需要 5 个平高点的 X、Y、h，为了检查和保证精度，还要增加 1 个检查点，共需 6 个平高点。

由上述分析可知，对于非全野外布点而言，一个加密区域至少需要布设 6 个野外平高控制点，即使该区域只有一个航线也是如此，才能满足内业加密的需要。

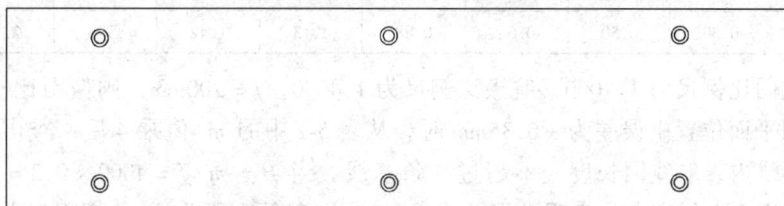

图 5-6　单航带法周边 6 点布点

根据航带模型的变形规律（航向倾斜、旁向倾斜、抛物扭曲、鞍形扭曲），6 个像片控制点应布设成图 5-6 所示的位置。图中两个相距较远的平面点和不在一条直线上的三个高程点用以改正加密点非线性变形改正数中的线性部分（航向、旁向倾斜）；区域（或航线）的两端上、下角各有一个平高点用以改正 $x \cdot y$ 项（鞍形扭曲）的误差；区域（或航线）中部布设野外控制点可以改正航带构网时引起的抛物扭曲（x^2 项）。

下面控讨 6 个野外像片控制点所能控制的区域最大范围，即相邻两个平高点的跨度。

解析空中三角测量最弱点的平面和高程精度的估算公式为：

$$m_s = \pm 0.28K \cdot m_q \sqrt{n^3 + 2n + 4b} \tag{5-2}$$

$$m_h = \pm 0.088K \frac{H}{b} \cdot m_q \sqrt{n^3 + 23n + 100} \tag{5-3}$$

式中　　K——像图比（为像片比例尺分母与成图比例尺分母之比，即作业的放大倍数）；

m_q——量测像点上、下视差的中误差；

n——控制点跨度的基线数；

H——平均的相对航高；

b——像片的平均基线长。

从精度估算公式（5-2）可以看出：加密点的平面位置精度，与像图比 K、量测像点单位权中误差 m_q 和野外控制点跨度 n 成反比。

设 $m_q = \pm 0.025\text{mm}$；$K = 1$；$b = 85\text{mm}$（23×23 的像幅）；H 为 $600 \sim 1200\text{m}$。代入公式（5-2）和（5-3）可得如表 5-1 和表 5-2 所示的加密精度估算表。

平面加密精度估算表（K = 1）　　　　　　　　　　　表 5-1

n	2	4	6	8	10	12	14	16	18
m_s，mm	0.05	0.08	0.12	0.17	0.23	0.30	0.37	0.45	0.54

高程加密精度估算表　　　　　　　　　　　表 5-2

m_h　H ＼ n	2	4	6	8	10	12	14	16	18
600	0.19	0.25	0.33	0.44	0.57	0.71	0.87	1.05	1.24
700	0.22	0.29	0.39	0.51	0.66	0.83	1.02	1.22	1.44
800	0.26	0.33	0.44	0.58	0.76	0.95	1.16	1.40	1.65
900	0.29	0.37	0.50	0.66	0.85	1.07	1.31	1.57	1.86
1000	0.32	0.41	0.55	0.73	0.94	1.19	1.46	1.75	2.06
1200	0.39	0.50	0.66	0.88	1.13	1.42	1.75	2.10	2.47

已知成图比例尺为 $1:1000$，航摄比例尺为 $1:4000$，$f = 200\text{mm}$，则像图比 $K = 4$。当要求加密点的平面位置中误差为 $\pm 0.35\text{mm}$ 时，从表 5-1 中的 m_s 值乘 4 后，查出平高点的跨度在 5 条基线内，航线网长度应不超过 9 条基线。当 $H = m \cdot f = 4000 \times 0.2 = 800\text{m}$，从表5-2中 $n = 4$ 栏查出加密点的高程中误差为 $\pm 0.33\text{m}$。若等高距为 1m，高程误差在 1/3 等高距之内，满足作业要求；若等高距为 0.5m 时，高程误差超过限差。此时，测图定向点的高程则需按全野外布点并连测。也就是说内业加密点的平面精度高于高程精度。

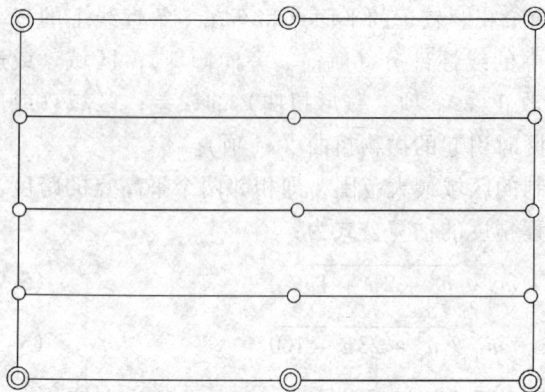

图 5-7

综合以上分析可以得出：两个平高点之间在航线方向的跨度不得超过四条基线，当考虑到航线之间连接点误差的旁向传播属独立传播累积方式，因此平高点的旁向间隔最多不超过四条航线。

为了提高构网精度，可以在相邻航线的接边处，布设一些高程控制点，如图 5-7 所示。图中"◎"代表平高点；"○"代表高程点。

当测区由五条或六条航线组成时，应按两个区域网来布点。这样周边和中间共布设 9 个平高点，其余位置仍布三排高程点，如图 5-8 所示。

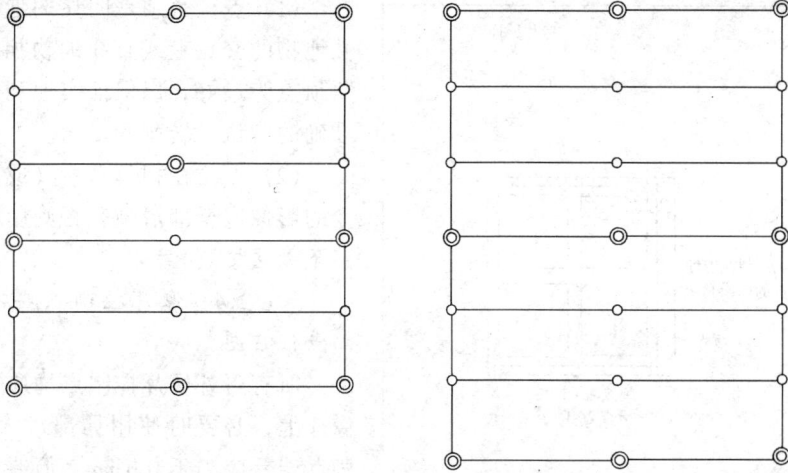

图 5-8　多航线区域网布点

当区域网航线较长时，可按图 5-9 布设四排点。

当区域不规则时，除按上述间隔布点外，凸出处应布平高点，端边再加布高程点，如图 5-10 所示。

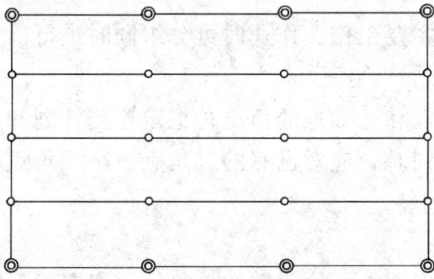

图 5-9　较长航线区域网的布点

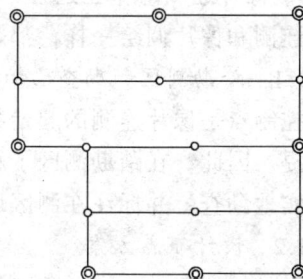

图 5-10　不规则的区域网布点

5.1.2　对像片控制点的要求

5.1.2.1　像片控制点应尽量公用

（1）点位应布设在航向和旁向六片重叠范围内；个别情况困难时，可布在五片重叠范围内。位置标准，保证公用以便于接边；

（2）点位成矩形分布，左、右偏离像片上的规定位置不得超过一条基线；按航线网布点时，要求点位离开方位线不小于 5cm（23×23 像幅）或 3.5cm（18×18 像幅），以保证旁向改正的精度；

（3）当需要分别布点时，要求控制范围裂开的距离，不大于像片上 2cm。

5.1.2.2　像片控制点位应离开像片边缘和各类标志

（1）点位离开像片边缘，在起伏地区不得小于 1.5cm（23×23 像幅）或 1cm（18×18 像幅）；平坦地区可减半；

（2）点位离开像片上的标志（如"＋"字网标志）应大于 1mm，最好在 2mm 以上，以保证不影响立体观测。

5.1.2.3　点位的影像必须全部明显、清晰

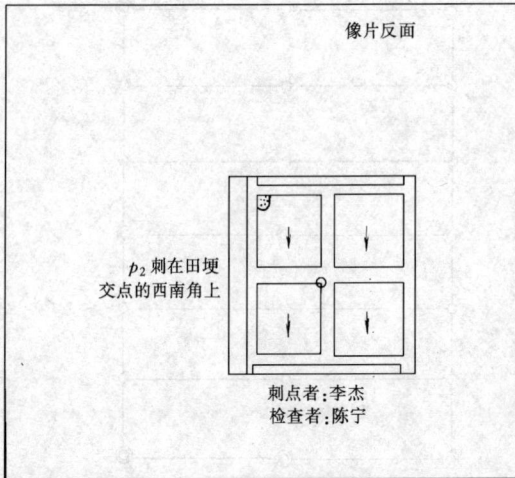

像片反面

p_2 刺在田埂
交点的西南角上

刺点者：李杰
检查者：陈宁

图 5-11　点位略图

（1）点位必须是明显的地物点，如线性地物的交点上或直线地物拐角上。以直角顶点为最好，以保证实地和像片上都能准确的辨认、转刺和量测。

（2）点位在相邻六片（或五片）像片上的影像应全部清晰，否则影响量测精度甚至无法量测。

5.1.2.4　像片控制点要准确刺点并画点位略图

所有野外像片控制点均应准确地刺在像片上，必要时使用局部放大像片刺点。刺点误差应小于 0.1mm，但要刺透（不得出现双孔），并在反面画出点略图（如图5-11所示）加点位说明。画点位略图要注意保护好刺孔。

5.1.2.5　自由图边外的像片控制点，应布设在图廓线外

5.1.3　像片连测的作业过程

像片连测和像片调绘一样，都是航测外业的主要工作，作业时可分组同时进行。

5.1.3.1　踏勘测区和勘查已知控制点

已知控制点是像片连测的起始数据，熟悉测区和已知点的情况是拟定连测计划和完成任务的前提。因此，在踏勘测区了解自然情况的同时，应对已有的三角点、小三角点和水准点进行实地勘查，并标注在测区地形图或像片上。

5.1.3.2　设计布点方案

在标有已知三角点、小三角点和水准点的地形图上，按成图比例尺绘出图廓线，同时标上各航线首末的像片号。

当技术指示要求按区域网布点时，应根据测区的航线数和航线的长度（基线数），在图上合理地划分区域，并进行周边布点。

设计布点方案时要尽量考虑公用和便于连测。需要分别布点时，要考虑不致产生漏洞。

点位选定后，分别用红、蓝铅笔在图上标出平高点和高程点的位置，并从北面开始，按航线自左至右统一编号；平高点（包括平面点）前冠以代号 p，G 代表高程点，如图5-12。最后，把图上布设的点位，转标到相应的像片上，并注明点号，以便于实地刺点。

5.1.3.3　实地选、刺像片控制点

根据室内设计的布点方案，在实地找到圈定的点位，经过对照、核实，确认点位目标的位置在摄影后没有变动，点位符合要求且便于像片连测时，即可最后确定点位。

在像片上无法准确确定点位的弧形地物和阴影，不得选为点位目标。

如果实际情况有变化，在保证满足布点位置和点位目标的前提下，改选附近符合要求的刺点目标，作为该像片控制点的点位。

74

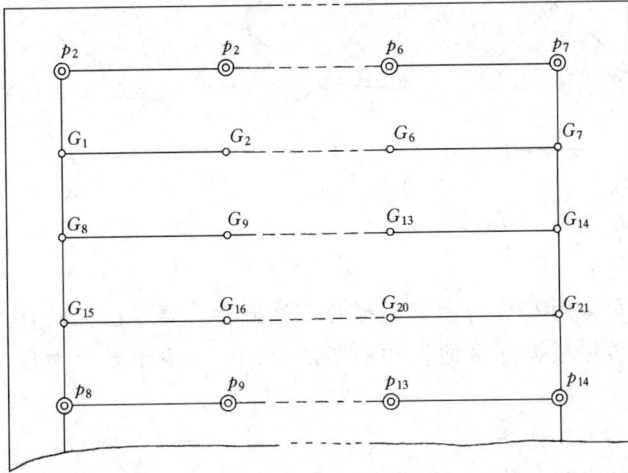

图 5-12　统一编号的布点图

刺点前必须反复查看，保证相邻像片上所有同名像点全部清晰、明显，才能用刺点针对准像片上的点位垂直地刺下。刺点要准（误差小于 0.1mm），刺孔要小（直径小于 0.2mm），但要刺透。刺偏时要换片重刺，不允许出现双孔。

刺点后应在像片反面画点位略图，注明点号和点位说明，供内业转刺点位和立体观测时使用。

检查者经实地仔细查对无误后，再签名（见图 5-11）。

刺有控制点的像片称为控制像片。控制像片的正面也应按要求进行整饰。

平高点用红色墨水，以直径 7mm 的圆符号整饰；高程点用绿（或蓝）色墨水以直径为 7mm 的圆圈整饰。

画圆时，应避免损坏所刺的针孔。

5.1.4　像片控制点的外业观测

像片控制点的测定精度与常规地形测量的图根控制点精度要求相同，测定的方法也基本一致。例如：测定平面位置时，可采用单一符合导线、闭合导线、支导线等等。测定高程时，常采用电磁波测距高程导线、等外水准、三角高程、独立交会高程等方法。

下面介绍的是采用 GPS 进行像片控制点测定的作业方法和要求。

5.1.4.1　GPS 快速静态法

在测区中部选择一个基准站，并安置一台接收机连续跟踪所有可见卫星，另一台接收机依次到各像控点流动设站。在流动站上双频机观测 1～2 分钟，单频机观测 15～20 分钟。

由于快速静态定位观测时间短，往往难以避免某些系统误差和粗差，因此在实际作业中，应尽可能构成检核条件。例如，对于只有两台接收机可按照多边形环状网观测，如图 5-13（a）所示，构成闭合环检核条件；也可以按照单基准星状网观测，如图 5-13（b）所示，且流动站最好进行两次观测，以构成复测基线检核；对于三台接收机，往往采用双基准菱状网观测，如图 5-13（c）所示。即两台固定，一台流动。也可以按图 5-13（b）去观测，此时一台固定，两台流动。

75

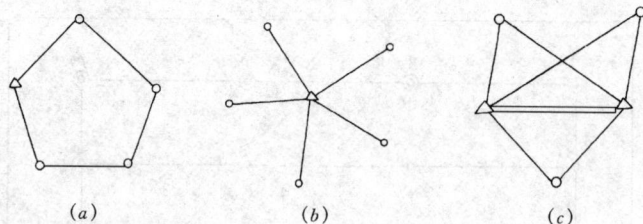

图 5-13

像控点的高程可采用 GPS 曲面高程拟合方法确定，要求已知高程点的等级不低于四等，已知高程点的数量根据测区面积和地形情况，以不少于 6 个为宜，且尽可能均匀分布。

5.1.4.2 GPS 实时动态法

利用载波相位的实时差分，可以获取厘米级的实时定位精度。这是目前测定像控点最理想的一种方法。其基本方法是：选择一已知控制点作为基准站，并在其上安置一台接收机，连续观测所有可见卫星，借助于无线电调制解调器，将已知坐标和原始观测数据一起发送给流动站，同时，流动站接收到的数据也要通过一个无线电调制解调器解调，用于计算流动站的位置。流动站坐标的实时显示及记录均建立在参考站的坐标之上，高程仍然用 GPS 曲面高程拟合方法确定。

5.1.5 整理成果资料

像片联测工作结束时，成果资料应整理齐全，经两次检查后，方可上交检查验收。上交资料包括：控制像片、野外观测手簿、计算资料、成果表等。

5.2 解析空中三角测量

5.2.1 基本概念

依据像片上量测的像点坐标，利用数学的方法建立投影光束、单元模型或航带模型以至区域模型的数学模型，根据少量的地面控制点，按最小二乘法原理进行平差计算，从而解求加密点（像片纠正的纠正点、立体测图的定向点）的地面坐标，称为解析空中三角测量。

解析空中三角测量按加密区域分为单航带法和区域网法。单航带法是以一条航线为加密单元，采用连续像对的相对定向，借助于相邻模型间的公共点，可拼接一条自由的航带模型。然后根据已知的地面控制点进行航带网的绝对定向和航带模型的非线性变形改正，计算出各加密点的地面坐标。

区域网法以多条航线组成一个区域，进行构网和平差计算。区域网法能更完整和严格地利用像片之间的几何关系，提高了精度，且可以减少野外控制点的个数，所以比单航带法具有更大的优越性。

区域网法按整体平差时所取用的平差单元的不同，主要有：以航带作为整体平差基本单元的航带法区域网；以单元模型为平差单元的独立模型法区域网；以每张像片相似投影光束为平差单元的光束法区域。

5.2.2 光束法空中三角测量

光束法空中三角测量是以一个摄影光束（即一张像片）作为平差计算基本单元，理论较为严密的控制点加密方法。它是以共线条件方程为理论基础，这一方法的基本做法是，在像片上量测出各控制点和加密点的像点坐标后，进行区域网的概算，以确定区域中各像片的外方位元素及加密点坐标的近似值。而后依据共线条件按控制点和加密点分别列误差方程式，进行全区域的统一平差计算，解求各像片的外方位元素和加密的地面坐标。这是光束法空中三角测量的基本思想。

这种平差方法的主要作业过程包括以下几步：

（1）像片外方位元素和地面点坐标近似值的确定；

（2）逐点建立误差方程和改化法方程；

（3）利用边法化边消元循环分块解求改化法方程式；

（4）求出每一张像片的外方位元素；

（5）空间前方交会求待定点的地面坐标，对于各片公共连接点应取其均值作为最后结果。

当然，也可先消去像片的外方位元素未知数，而建立点的坐标未知数的改化法方程，直接解求点的坐标未知数。

这一方法应要求较好地预先消除像点坐标观测值中的系统误差，平差计算方可取得好成果，否则，理论上严密的光束法是难以取得精密的加密成果。实验检验表明，光束法对系统误差特别敏感，这是其重要特点。

光束法空中三角测量的平差计算可由共线条件方程，对每个像点列出如下两个关系式：

$$x - x_0 = - f \frac{a_1(X - X_s) + b_1(Y - Y_s) + c_1(Z - Z_s)}{a_3(X - X_s) + b_3(Y - Y_s) + c_3(Z - Z_s)}$$

$$y - y_0 = - f \frac{a_2(X - X_s) + b_2(Y - Y_s) + c_2(Z - Z_s)}{a_3(X - X_s) + b_3(Y - Y_s) + c_3(Z - Z_s)}$$

当像片内方位元素（f，x_0，y_0）已知时，上式线性化后的误差方程式可写为

$$\begin{bmatrix} V_X \\ V_Y \end{bmatrix} = \begin{bmatrix} a_{11} & a_{12} & a_{13} & a_{14} & a_{15} & a_{16} \\ a_{21} & a_{22} & a_{23} & a_{24} & a_{25} & a_{26} \end{bmatrix} \begin{bmatrix} dX_s \\ dY_s \\ dZ_s \\ d\varphi \\ d\omega \\ dk \end{bmatrix} + \begin{bmatrix} -a_{11} & -a_{12} & -a_{13} \\ -a_{21} & -a_{22} & -a_{23} \end{bmatrix} \begin{bmatrix} dX \\ dY \\ dZ \end{bmatrix} - \begin{bmatrix} l_X \\ l_Y \end{bmatrix}$$

用矩阵符号表示对某一像点的误差方程为：

$$V = AX + Bt - l \tag{5-4}$$

其中

$$A = \begin{bmatrix} a_{11} & a_{12} & a_{13} & a_{14} & a_{15} & a_{16} \\ a_{21} & a_{22} & a_{23} & a_{24} & a_{25} & a_{26} \end{bmatrix}$$

$$B = \begin{bmatrix} -a_{11} & -a_{12} & -a_{13} \\ -a_{21} & -a_{22} & -a_{23} \end{bmatrix}$$

$$X = \begin{bmatrix} \mathrm{d}X_\mathrm{s} & \mathrm{d}Y_\mathrm{s} & \mathrm{d}Z_\mathrm{s} & \mathrm{d}\varphi & \mathrm{d}\omega & \mathrm{d}\kappa \end{bmatrix}^\mathrm{T}$$

$$t = \begin{bmatrix} \mathrm{d}X & \mathrm{d}Y & \mathrm{d}Z \end{bmatrix}^\mathrm{T}$$

$$l = \begin{bmatrix} l_\mathrm{X} & l_\mathrm{Y} \end{bmatrix}^\mathrm{T}$$

$$V = \begin{bmatrix} V_\mathrm{X} & V_\mathrm{Y} \end{bmatrix}^\mathrm{T}$$

已知外业控制点坐标，其相应的坐标改正值 $\mathrm{d}X$、$\mathrm{d}Y$，$\mathrm{d}Z$ 为零。若需要考虑外业控制点已知坐标误差的影响时，则可把外业提供的坐标值也作为观测值看待，保留其待定改正数 $\mathrm{d}X$、$\mathrm{d}Y$、$\mathrm{d}Z$，但要额外加到一组控制点误差方程，并给予适当的权。即除列出式 (5-4) 的方程外，还要增列下述虚拟误差方程。

$$\left. \begin{aligned} V_\mathrm{X} &= \Delta X & \text{权 } P \\ V_\mathrm{Y} &= \Delta Y & \text{权 } P \\ V_\mathrm{Z} &= \Delta Z & \text{权 } P \end{aligned} \right\} \tag{5-5}$$

区域中所有加密点都可参加平差，每个加密点直接按式 (5-4) 的方式列出误差方程式，且权赋 1，所有控制点都按式 (5-4) 列出误差方程外，还需按式 (5-5) 的方式加列出一组虚拟误差方程式，并给予适当的权 P。

当各类点的误差方程式组列完后，可按最小二乘法原理建立法方程式求解，即按 ΣPVV 为最小建立起法方程式：

$$\begin{bmatrix} A^\mathrm{T}PA & A^\mathrm{T}PB \\ B^\mathrm{T}PA & B^\mathrm{T}PB \end{bmatrix} \begin{bmatrix} X \\ t \end{bmatrix} - \begin{bmatrix} A^\mathrm{T}PL \\ B^\mathrm{T}PL \end{bmatrix} = 0 \tag{5-6}$$

用新矩阵符号表示为：

$$\begin{bmatrix} N_{11} & N_{12} \\ N_{12}^\mathrm{T} & N_{22} \end{bmatrix} \begin{bmatrix} X \\ t \end{bmatrix} - \begin{bmatrix} L_1 \\ L_2 \end{bmatrix} = 0 \tag{5-7}$$

式中，未知数 X 为像片外方位元素的改正数，t 为点的坐标改正数。考虑到专业特点及基础知识的局限性，至于法方程系数矩阵的结构特点、法方程的解算及系统误差的处理，此处只能省略。

5.3　解析空中三角测量的作业过程

解析空中三角测量简称航测电算加密，它是航测成图的关键工序之一，其成果精度的优劣，直接影响成图的数学精度与作业速度。

具体做法如下：

5.3.1　选刺点

（1）刺像片主点和定向辅助点

作业中以对应框标连线的交点作为每线像片的主点。定向辅助点是像片坐标系 x 轴上的一个点，一般选刺在右框标尖附近。主点、定向辅助点主要作用是将像片在立体坐标量测仪上进行归心和定向。

为了快速、准确地刺出像主点和定向辅助点，可用直角坐标展点仪，精确地展制一张透明膜片来进行，刺点膜片如图 5-14 所示。

（2）转刺野外像片控制点

根据控制像片的刺点位置、点位略图及说明，在立体观察下，以直径 0.1mm 的针孔转刺到加密像片上。为了便于量测和检查，一般刺在三度重叠中间的那张像片上。若只有二度重叠，则转刺在左片的右半部分上。每个控制点在一条航线上只允许有一个刺孔。

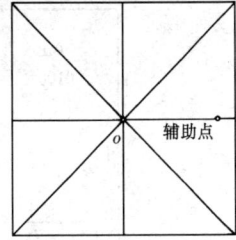

图 5-14　刺点模片

（3）选刺连接点和加密点

对于不同的成图方法，所需加密点的数量和位置是不相同的。

对于不同构网方法的解析空中三角测量，都要在每个像对选择六个连接点，这些点均应位于三度重叠范围内，以满足相对定向、模型连接构网之用（如图 5-15）。

当六个连接点基本上位于标准点位时，其加密成果已满足立体法测图及像片平面图测图隔片纠正的需要，此时就不必再选加密点，如图 5-16 所示，否则应增加加密点的数量。例如综合法测图中一张像片可以覆盖一幅图，纠正点应位于图廓点附近，标准点位则不一定合适，因此要将图廓点加密出来。

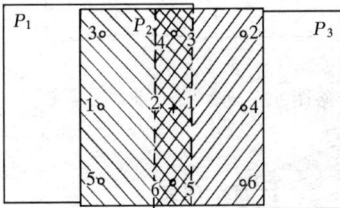

图 5-15　连接点的标准位置

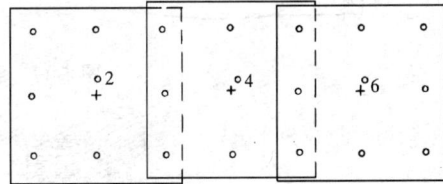

图 5-16　供全能法和综合法用连接点

图 5-15 中的 1、3、5 点是前像对的 2、4、6 点。为了提高加密点的精度和成果的检核，并为构成区域网，加密点必须是相邻航线的公共点。

（4）加密点统一编号

对加密区内所有控制点、加密点，应统一编号作为上机输入的号码；而控制点还要注明野外的点名或点号。统一编号的原则是不得有重号的点。具体编号方法视作业时采用的计算程序的要求而定，一般可按图 5-17 所示的方法进行，即主点末两位号码用像片号的末两位数，其余点号从左向右增大。

5.3.2　像点坐标量测

解析空中三角测量构网的依据是各地面点的像点坐标，它们在像平面上的坐标值 x、y，可以用各种坐标仪测出，通常是采用立体坐标量测仪。

（1）HCZ-1 型立体坐标量测仪

国产 HCZ-1 型立体坐标量测仪是生产中常用的仪器。在立体观察下，用空间浮游测标切准须观测的像点后，可同时量测出该像点的左像片平面坐标 x、y，左右视差 p 和上下视差 q。

仪器主要的组成部分有：基座、总滑床、Y 导轨、观察系统、照明装置等，仪器总貌如图 5-18。

基座　基座为箱形的铁铸件，底部有品字形的三个支撑点，其中有两个是置平螺旋，用于仪器置平。仪器各部分均安装在基座上。

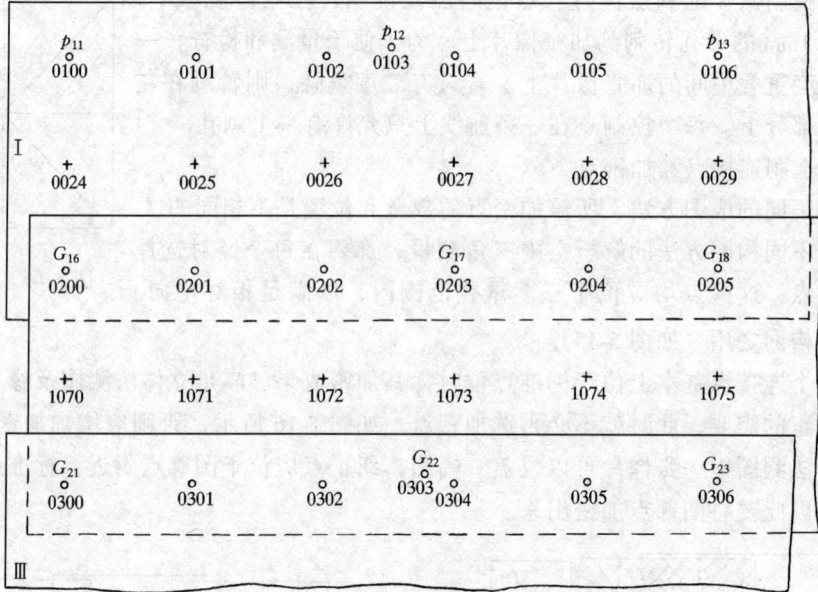

图 5-17　航线点位编号略图

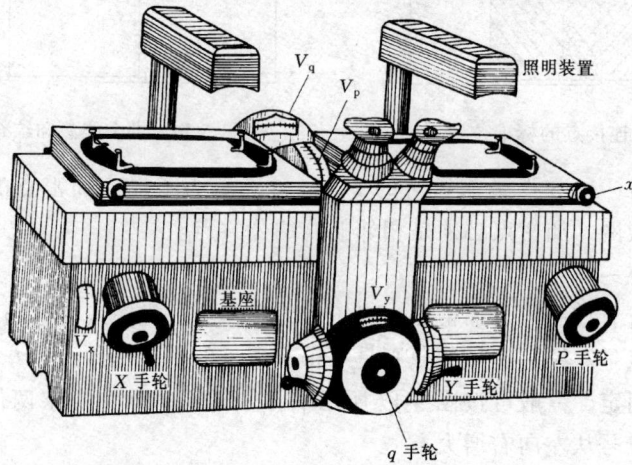

图 5-18　立体坐标量测仪

总滑床　总滑床通过四对轴承与基座上的 X 导轨接触，转动 X 手轮，使总滑床在导轨上沿 x 方向左右移动，其移动值（即左像盘的移动值）可在 x 读数鼓上读出（V_x），可测出像点的 x 值。

总滑床上的左、右滑床，可与总滑床一起沿 x 方向移动。左、右像片盘分别置于左、右滑床上，用来安置像片。左滑床可借调整螺旋对总滑床作 x 方向移动，用以调整仪器的零位置；右滑床在 P 手轮的带动下，可在总滑床上单独作 x 方向的左右移动，用以量测像点的左右视差，其值可在 p 读数鼓上读出（V_p）。

左、右像盘可借助于各自的 k 螺旋进行旋转。像盘承片玻璃中心刻有"+"的标志，表示像盘的旋转中心，用以像片的归心与定向。

Y 滑床　在基座箱内垂直于 X 导轨的方向上，固定着两根 Y 导轨，其上装有左、右

Y 滑床。左、右物镜即分别置于 Y 滑床上。借助于 Y 手轮可使左、右滑床（连同置于其上的物镜可动部分）沿 y 轴前后移动，其移动值可在 y 读数鼓上读出（V_y），用以量测像点的 y 坐标。同样，借助 q 手轮，可使右物镜沿 y 方向单独移动，可用来量测像点的 q 值，其值在 q 读数鼓上读出（V_q）。

观测系统   观测系统由固定的目镜和可移动的物镜组成。双筒目镜的视度环及目镜外环可以转动，以适应观测者的视力，并使影像处于最清晰的状态。两目镜间的距离可按观测者的眼基线调节。观察系统的放大倍率为 8 倍。

照明装置   仪器装有透光和反光的上、下两套照明装置,分别供透明正片或裱板片观测时使用。一般观测负片或透明正片,使用上照明装置;观测像片或裱板片,则用下照明装置。

（2）像点坐标量测

应用 HCZ-1 型立体坐标量测仪进行像点坐标的量测，首先需要像片归心，使 x、y、p、q 读数鼓置于零位置后，把像对的两张像片重叠部分向内，分别放在左、右像盘上。用单眼观察，分别移动左、右像片，使主点与测标重合。

其次是像片定向。像片定向的目的是使像片上的 x 轴平行于仪器的 x 轴。左、右像片定向分别进行。

摇动 X 手轮，使总滑床左右移动。用单眼观察，分别用左、右 k 螺旋使左、右测标对准相应的辅助点。再转动 X 手轮，使其恢复到零位置，分别观察左、右测标是否仍对准左、右主点；若偏离大于 0.02mm，则重复归心、定向的操作过程，直至满足要求为止。

像点坐标必须用双眼进行立体量测。首先，用 X、Y 手轮使左测标照准左像点；再同时交替使用 P、q 手轮，使同名像点在左、右方向上重合并消除上、下视差，使测标立体切准模型点；把各读数鼓上的读数 V_x、V_y、V_p、V_q，以 0.01mm 的精度读出并记入手簿。

需要指出的是，HCZ-1 型立体坐标量测仪目前多数已进行了改装，除了量程扩大以外，像点坐标也能自动记录并传输至计算机中，从而使像点坐标量测的效率大大提高。

5.3.3   上机计算

计算前，必须依据计算程序的要求做好必要的准备工作。由解析空中三角测量的原理可知，除像点坐标之外，航摄机焦距、框标距的理论值、摄影比例尺分母、野外像片控制点的平面坐标和高程等起始数据，也应按照计算程序要求的格式，输入到计算机中，建立数据文件。

数据文件经检查后，确认数据格式，数据值均正确无误后，即可上机计算。

计算的操作方法因机型和使用的程序不同而异。

当各步骤的计算结果均符合限差要求后，即可将计算结果（加密点的坐标与高程）打印出来，提供给后续的测图工序使用。

复 习 思 考 题

1. 拟定像片控制点布点方案的原则。

2. 实地选刺像片控制点的要求。

3. 解析法空中三角测量的作业过程。

4. 光束法空中三角测量的基本思想是什么？

5. 光束法空中三角测量的主要作业过程。

第6章　数字摄影测量

航空摄影测量在经历了模拟法、解析法后，现在已进入数字摄影测量阶段。数字摄影测量是基于航空摄影测量的基本原理并利用计算机技术、数字影像处理、计算机视觉、模式识别等多学科的理论和方法，从数字化影像上提取所摄对象用数字方式表达的几何与物理信息的技术。在这种情况下，数字影像代替了模拟像片，数字光标代替了光学测标，计算机代替了形形色色的航测仪器，换句话讲，所有的摄影测量作业均由相应软件支持，在计算机内完成。最终以计算机视觉代替人眼的立体观测；其产品是数字形式的，传统的产品只是该数字产品的模拟输出。

以立体测图为目的的数字摄影测量，其作业过程大致可以分为以下几个步骤：

（1）数字影像的获取

数字影像可以从传感器直接产生，也可以利用影像数字化器对摄影的光学影像进行扫描数字化而获得。

（2）数字影像的定向

对数字影像的框标进行定位，计算扫描坐标系与像片坐标系间的变换参数，即所谓的内定向。

对相对定向用的标准点及绝对定向用的大地点进行定位与二维相关运算，寻找同名点影像坐标值，并将相对定向元素、绝对定向元素计算出来。

（3）影像匹配与建立数字地面模型

将影像的灰度按同名核线重新排列；

沿核线进行一维影像匹配，求出同名点；

计算同名点的空间坐标；

建立数字地面模型（或表面模型）。

（4）测制等高线及正射影像图

按预先设定的等高线间隔采用一定的算法跟踪等高线离散点，光滑加密、自动形成等高线；用数字微分纠正技术，将原数字影像纠正为正射影像；将等高线与正射影像叠加，产生带有等高线的正射影像图。

（5）数字化地物

根据调绘片及 DTM 数据，在立体观察下，由作业员通过人机交互方式把地物转绘在图像背景上面，建立地物的矢量数据文件或数据库。

6.1　数字影像的获取

数字影像是数字摄影测量的原始资料，获取数字影像的方法通常有两种：一种是采用数字相机进行摄影，直接获取被摄物体的数字影像；第二种则是采用影像数字化扫描仪对传统的光学影像进行采样与量化，从而获得数字化影像。在这两种方法中，由于数字相机具有体积小，功耗低及在弱光下灵敏度高等优点、直接获取数字影像的方法已得到了广泛的应用，但是在大比例尺航空摄影测量中，目前仍以后一种方法为主要方法。

6.1.1 获取数字影像的设备

6.1.1.1 数字相机

数字相机将电荷耦合装置（CCD—Charge coupled device）排列在一行或一个矩形区域中构成线阵列或面阵列作为传感器，每个 CCD 都是一种光敏器件，受光照便产生电子激发和溢出并引起自身的电压变化从而可以被记录下来。在一条线上可以排列 2048 个传感器，而在一个矩形内可以排列 512 × 512 个传感器。在一条线上排列的传感器还可由多组 2048 个传感器延伸构成。由此可以看出，数字相机是 CCD 相机的俗称。

6.1.1.2 影像数字化扫描仪

电子—光学扫描仪是目前生产作业部门将传统的光学影像进行数字化，即将原来模拟方式的信息转换成数字形式的信息，使用最多的一种设备。这种设备具有很高的分解力，其扫描面积可以很大，但不能用于实物数字影像的获得。

电子—光学扫描器分为滚筒式和平台式两类。一般而言平台式扫描仪精度与分解力较高，而滚筒式扫描仪速度较快，但精度与分解力都低一些，其扫描行（X 方向）由滚筒的旋转产生，与其垂直方向（Y 方向）的扫描由光源与传感器沿平行于滚筒转轴方向的移动产生。

6.1.2 数字影像

无论何种方法所获取的数字影像，无法对理论上的每一个点都获取其辐射量（影像的密度或灰度值），而只能对相隔一定间隔的"点"量测其灰度值，即数字影像是一个灰度矩阵 g：

$$g = \begin{bmatrix} g_{0,0} & g_{0,1} & \cdots & g_{0,n-1} \\ g_{1,0} & g_{1,1} & \cdots & g_{0,n-1} \\ g_{m-1,0} & g_{m-1,1} & \cdots & g_{m-1,n-1} \end{bmatrix} \tag{6-1}$$

矩阵的每一个元素 $g_{j,i}$ 是一个灰度值，它对应着光学影像或实物的一个微小区域，称为像元素（或像素）。各像元素的灰度值 $g_{j,i}$ 代表其影像经采样与量化了的"灰度级"。

如果 Δx，Δy 是光学影像上的采样间隔，则灰度值 $g_{j,i}$ 随对应的像素的点位坐标（x，y）：

$$x = x_0 + i \cdot \Delta x \quad (i = 0,1,\cdots\cdots, n - 1)$$
$$y = y_0 + j \cdot \Delta y \quad (j = 0,1,\cdots\cdots, m - 1)$$

而不同。通常取 $\Delta x = \Delta y$，而 $g(j, i)$ 也限于取用离散值。

6.1.3 数字影像采样

由于数字影像只能将表达空间的灰度函数 $g(i, j)$ 离散化表示，即量测相隔一定的"点"的灰度值，这种对实际连续函数模型离散的量测过程就是采样。被量测的点称为样点，样点之间的距离即采样间隔。

应当明白，在影像数字化或直接数字化时，这些被量测的"点"也不可能是几何上的一个点，而是一个微小区域，通常是矩形或正方形的影像块，即像素。矩形（或正方形）

的长与宽通常称为像素的大小（尺寸），它通常等于采样的间隔。因此，当采样间距确定了以后，像素的大小也就确定了。

影像采样一般是等间隔进行的，采样间隔与影像分辨率有密切联系。例如影像分辨率小于 20 线对/mm 时，采样间隔取 $50\mu m$ 即可。

6.1.4　数字影像量化

所谓量化就是把采样点上的灰度数值转换成为某一种等距的灰度级，灰度级的级数一般有 256 个。

影像灰度值的大小反映了它透明的程度，即透光能力。其级数是介于 0～255 之间的一个整数，0 为黑，255 为白。

6.2　数字影像的内定向

恢复像片的内方位元素在摄影测量中称之为像片的内定向。例如，在模拟测图上安置像片时，应将像片的框标与像片盘上的框标重合；在解析测图仪上，虽然像片可以任意放置，但要能观测像片四个框标在仪器坐标系中的坐标。利用数字影像测图内定向也是必须的，这是因为像片在扫描时，像片的方位是任意的，即扫描坐标系与像片坐标系（框标坐标系）是不平行的且原点也不一致，如图 6-1 所示。因此建立像素坐标系统（扫描坐标系统）与原有像片坐标系统关系的过程称为数字影像的内定向。

数字影像是以"扫描坐标系"IJ 为准，即像素的位置是由它所在列号 I 与行号 J 来确定的，并考虑到影像数字化时会产生的变形（主要是仿射变形），因此扫描坐标系与像片坐标系之间的关系可用下式表示：

$$\left.\begin{array}{l} x = (m_0 + m_1 I + m_2 J) \cdot \Delta \\ y = (n_0 + n_1 I + n_2 J) \cdot \Delta \end{array}\right\} \quad (6-2)$$

式（6-2）中，Δ 是采样间隔；m_0、m_1、m_2、n_0、n_1、n_2 是仿射变形参数。

若想解求这 6 个参数，必须借助四个框标的像片坐标与扫描坐标方可完成。因此，数字影像内定向的基本步骤：

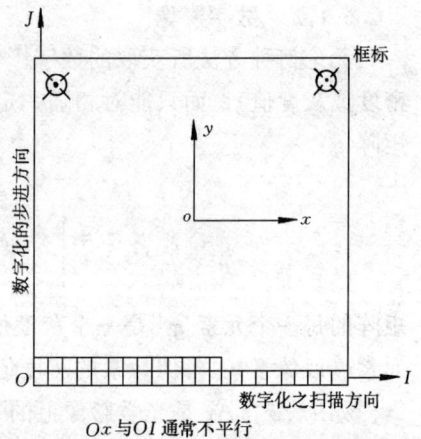

图 6-1　扫描坐标系与像片坐标系

（1）确定框标的扫描坐标

由于航摄像片的框标均有一定的几何形状，在给定框标的近似位置及框标中心点的灰度值（例如 RC-10 航摄仪框标中心点的灰度为 64）以后，将框标影像窗口变为二值影像（原始影像也可以），再利用数学形态学的方法或各种特征提取与定位的方法，就可以自动确定框标的位置，从而解求出框标的扫描坐标 (I_k, J_k)，$K = 1$，2，3，4。换句话讲，灰度值与其相等的像素对应的行、列号就是该框标的扫描坐标。

（2）解算变形参数

在解求 6 个参数时，先将框标坐标重心化，其重心就是像片的主点。由于变形参数 m_0、n_0 是常量，重心化时可一并消去，因此式（6-2）又可写为：

$$\begin{bmatrix} x - x_0 \\ y - y_0 \end{bmatrix} = \begin{bmatrix} m_1 & m_2 \\ n_1 & n_2 \end{bmatrix} \begin{bmatrix} I - I_0 \\ J - J_0 \end{bmatrix} \tag{6-3}$$

公式（6-2）、（6-3）是全数字化自动测图系统的解析基础，它表达了像素扫描坐标与像片坐标之间换算关系。

当已知像片的外方位元素时，即可由数字影像的像素行、列号直接求得像点的像片坐标：

$$\begin{bmatrix} U \\ V \\ W \end{bmatrix} = \begin{bmatrix} a_1 & a_2 & a_3 \\ b_1 & b_2 & b_3 \\ c_1 & c_2 & c_3 \end{bmatrix} \begin{bmatrix} x - x_0 \\ y - y_0 \\ - f \end{bmatrix}$$

$$= \begin{bmatrix} a_1 & a_2 & a_3 \\ b_1 & b_2 & b_3 \\ c_1 & c_2 & c_3 \end{bmatrix} \begin{bmatrix} m_1 & m_2 & 0 \\ n_1 & n_2 & 0 \\ 0 & 0 & 1 \end{bmatrix} \begin{bmatrix} I - I_0 \\ J - J_0 \\ - f \end{bmatrix} \tag{6-4}$$

6.3 影像匹配的基础知识

在数字摄影测量中影像匹配有时也称立体匹配。影像匹配的目的就是在立体像对上自动确定同名像点，从而代替传统的人工双眼观测。

影像匹配其实质是在两幅（或多幅）影像之间识别同名点，它也是计算机视觉及数字摄影测量的核心问题。由于早期的研究中一般使用相关技术解决影像匹配的问题，所以影像匹配常常被称为影像相关。

6.3.1 影像相关原理

影像相关是利用两个信号的相关函数，评价它们的相似性以确定同名像点。即首先取出以待定点为中心的小区域中的影像信号，然后取出其另一影像中相应区域的影像信号，计算两者的相关函数，以相关函数最大值对应的相应区域中心点为同名像点。即以影像信号分布最相似的区域为同名区域，同名区域的中心点为同名像点，这就是自动化立体量测的基本原理。

6.3.1.1 相关函数

由于影像相关中处理的问题是两张像片的同名点问题，所讨论相关是指互相关。但由于左、右影像上同名点周围的影像彼此相似，所以还要进行自相关函数的研究。设 $x(t)$ 和 $y(t)$ 是两个随机信号，它们的互相关函数定义为：

$$R_{xy}(\tau) = \int_{-\infty}^{+\infty} x(t) \cdot y(t + \tau) \mathrm{d}t \tag{6-5}$$

在实际应用中，信号（T）是有限值，当要求 T 适当地大时，式（6-5）可表示为：

$$R_{xy}(\tau) = \frac{1}{T} \int_0^T x(t) \cdot y(t + \tau) \mathrm{d}t \tag{6-6}$$

该式也称为互相关函数的实用估计公式。

当 $x(t) = y(t)$ 时，则得到自相关函数的相应定义与估计公式：

$$\left.\begin{array}{l} R_{xx}(\tau) = \displaystyle\int_{-\infty}^{+\infty} x(t) \cdot x(t+\tau)\,\mathrm{d}t \\[3mm] R_{xx}(\tau) = \dfrac{1}{T}\displaystyle\int_{0}^{T} x(t) \cdot x(t+\tau)\,\mathrm{d}t \end{array}\right\} \qquad (6\text{-}7)$$

自相关函数有两个性质：

(1) 自相关函数是偶函数，即 $R(\tau) = R(-\tau)$

(2) 自相关函数在 $T=0$ 处取得最大值，即 $R(0) \geqslant R(\tau)$

该性质极为重要，它是相关技术确定同名像点的依据。

由于原始像片中灰度信息可转换为电子、光学或数字等不同形式的信号，因而可构成电子相关、光学相关或数字相关等不同的相关方式，考虑到数字摄影测量的现状与发展，现仅就数字相关的一些概念做些介绍。

6.3.1.2 数字相关

数字相关就是利用计算机对数字影像进行数值计算的方式完成影像的相关（或匹配）。数字相关一般情况下是一个二维的搜索过程，当利用同名像点必位于同名核线上这一核线性质时就可化二维搜索为一维搜索。

(1) 二维相关

二维相关时，一般在左影像上先确定一个待定点称之为目标点，以此待定点为中心先取 $m \times n$（可取 $m = n$）个像素的灰度阵列作为目标区或称目标窗口。为了在右影像上搜索同名像点，必须估计该同名点可能存在的范围，建立一个 $k \times l$（$k > m$，$l > n$）个像素的灰度阵列作为搜索区。相关的过程就是依次在搜索区取出 $m \times n$ 个像素灰度阵列（搜索窗口通常取 $m = n$），计算其与目标区的相似性测度 ρ_{ij}（$i = i_0 - \dfrac{l}{2} + \dfrac{n}{2}, \cdots\cdots, i_0 + \dfrac{l}{2} - \dfrac{n}{2}$；$j = j_0 - \dfrac{n}{2} + \dfrac{m}{2}$，$\cdots\cdots, j_0 + \dfrac{k}{2} - \dfrac{m}{2}$），$(i_0, j_0)$ 为搜索区中心像素（如图 6-2 所示）。当 ρ 取得最大值时，该搜索窗口的中心像素 (c, r) 被认为是同名像点。

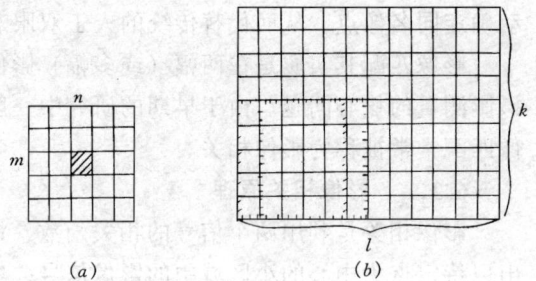

图 6-2 目标区与搜索区

(a) 目标区；(b) 搜索区

$$\rho_{c,r} = \max\left\{\rho_{ij} \;\middle|\; \begin{array}{l} i = i_0 - \dfrac{l}{2} + \dfrac{n}{2}, \cdots\cdots + i_0 + \dfrac{l}{2} - \dfrac{n}{2} \\[3mm] j = j_0 - \dfrac{k}{2} + \dfrac{m}{2}, \cdots\cdots + j_0 + \dfrac{k}{2} - \dfrac{m}{2} \end{array}\right\} \qquad (6\text{-}8)$$

(2) 一维相关

根据同名像点必定位于同名核线上这个核线性质，可以将数字相关由二维搜索转化为在核线影像上只进行一维搜索，从而大大提高了相关的速度，使数字相关技术在摄影测量中的应用得到了迅速的发展。

从理论上讲，既然是一维相关，那么目标窗口与搜索区均应该是一维窗口。但实际上，一维相关的目标区选取仍与二维相关时相同，即以待定点为中心的 $m \times n$ 个像素的窗口，搜索区则为 $m \times l$（$l > n$）像素的灰度阵列，如图 6-3 所示。这是因为，两影像窗口

的相似性测度 ρ 是个统计量，应有较多样本进行估计才能保证相关结果的可靠性，因而目标窗口中的像素不能太少。能否通过加大目标区长度来增加样本的数量呢？事实表明，若目标区过长，由于灰度信号的重心与几何重心并不重合，相关函数的高峰值总是与最强信号一致，加之影像几何变形，这就会产生相关误差，所以一维相关目标区的选取与二维相关时相同。但是搜索只在一个方向进行，即计算相似性测度 ρ_i ($i = i_0 - \dfrac{l}{2} + \dfrac{n}{2}, \cdots\cdots i_0$ $+ \dfrac{l}{2} - \dfrac{n}{2}$)，当 $\rho_c = \max\{\rho_i \mid i = i_0 - \dfrac{l}{2} + \dfrac{n}{2}, \cdots\cdots i_0 + \dfrac{l}{2} - \dfrac{n}{2}\}$ 时，(c, j_0) 为同名像点，其中 (i_0, j_0) 为搜索区中心。

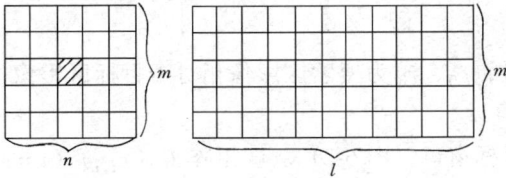

图 6-3　一维相关目标区与搜索区

6.3.2　数字影像匹配测度

数字影像匹配测度表示两同名像点匹配程度，或称相似性测度。由于同名像点的确定是以匹配测度为基础的，因此如何定义匹配测度，则是影像匹配最首要的任务。

基于不同的理论或不同的思想可以定义各种不同的匹配测度，因此形成了各种影像匹配方法及相应的实现算法，其中基于统计理论的一些基本方法得到了较广泛的应用，例如：

（1）相关函数测度

$$R(p,q) = \iint\limits_{(x,y)\in D} g(x,y)\, g'(x+p, y+q)\mathrm{d}x\mathrm{d}y \tag{6-9}$$

此式为相关函数测度的定义式。

若 $R(p_0, q_0) > R(p, q)$ ($p \neq p_0$、$q \neq q_0$)，p_0、q_0 为搜索区影像相对于目标区影像的位移参数。对于一维相关应有 $q \equiv 0$。

由离散灰度数据对相关函数的估计公式为：

$$R(c,r) = \sum_{i=1}^{m}\sum_{j=1}^{n} g_{i,j} \cdot g'_{i+j, j+c} \tag{6-10}$$

若 $R(c_0, r_0) > R(c, r)$　($r \neq r_0$, $c \neq c_0$)，则 c_0、r_0 为搜索区影像相对于目标影像位移的行、列数号数。对于一维相关有 $r \equiv 0$。

（2）差平方和测度

差平方和测度的定义式为：

$$S^2(p,q) = \iint\limits_{(x,y)\in D} [g(x,y) - g'(x+p, y+q)]^2 \mathrm{d}x\mathrm{d}y \tag{6-11}$$

若 $S^2(p_0, q_0) < S^2(p, q)$ ($p \neq p_0$, $q \neq q_0$)，则 p_0、q_0 为搜索区影像相对于目标区影像的位移参数。对于一维相关应有 $q \equiv 0$。

离散数据差平方和的估计公式为：

$$S^2(c,r) = \sum_{i=1}^{m}\sum_{j=1}^{n} (g_{i,j} - g'_{i+r, j+c})^2 \tag{6-12}$$

若 $S^2(c_0, r_0) < S^2(c, r)$，$(c \neq c_0, r \neq r_0)$ 则 c_0、r_0 为搜索区影像相对目标区影像位移的行、列数参数。对于一维相关有 $r \equiv 0$。

(3) 相关系数测度

相关系数是标准化的协方差函数。由离散灰度数据对相关系数的估计为：

$$\rho_{(c,r)} = \frac{\sum\limits_{i=1}^{m}\sum\limits_{j=1}^{n}(g_{i,j} - \overline{g}) \cdot (g'_{i+r,j+c} - \overline{g}'_{r,c})}{\sqrt{\sum\limits_{i=1}^{m}\sum\limits_{j=1}^{n}(g_{i,j} - \overline{g})^2 \cdot \sum\limits_{i=1}^{m}\sum\limits_{j=1}^{n}(g'_{i+r,j+c} - \overline{g}'_{r,c})^2}}$$

$$\overline{g} = \frac{1}{m \cdot n}\sum\limits_{i=1}^{m}\sum\limits_{j=1}^{n}g_{i,j}$$

$$\overline{g}'_{r,c} = \frac{1}{m \cdot n}\sum\limits_{i=1}^{m}\sum\limits_{j=1}^{n}g'_{i+r,j+c}$$

(6-13)

若 $\rho(c_0、r_0) > \rho(c，r)$（$c \neq c_0，r \neq r_0$）时，$c_0$、$r_0$ 为搜索区影像相对于目标区影像位移的行、列数参数。对于一维相关应有 $r \equiv 0$。

在上述三例中，$g(x，y)$ 为影像匹配目标窗口（图 6-2）灰度矩阵 $G(g_{i,j})$（$i = 1，2……m$；$j = 1，2……n$）所对应的灰度函数；$g'(x'，y')$ 为搜索区灰度矩阵；$G'(g'_{i,j})$（$i = 1，……k$；$j = 1，2……，l$）所对应的灰度函数；$r = \text{INT}(m/2) + 1，……，k - \text{INT}(m/2)$，$C = \text{INT}(n/2) + 1，……，1 - \text{INT}(n/2)$（INT 表示取整）。

6.3.3 确定同名核线的方法

由前述可知，核线相关首先要确定同名核线，同名核线的确定归结于取得同名核线上的像点坐标，然后把左、右像片同名核线上的诸点即像元素的灰度值按核线方向排列，以便于数字相关计算。确定同名核线的方法很多，但基本上可以分为两类：一是基于数字影像的几何纠正；二是基于共面条件。

6.3.3.1 基于数字摄影像的几何纠正方法

核线在航摄像片上是互相不平行的，它们汇聚于核点。如果将像片上的核线投影（也称为纠正）到"相对水平"的像对（平行于摄影基线的像对）上，则核线相互平行。

如图 6-4 所示，现假设：P 为左片，P_0 为平行于摄影基线 B 的"水平像片"；l 为倾斜像片上的核线，l_0 为核线 l 在"水平"像片上的投影；倾斜像片上的坐标系为 $x，y$，"水平"像片上的坐标系为 $x_0，y_0$，则

$$x = -f\frac{a_1 x_0 + b_1 y_0 - c_1 f}{a_3 x_0 + b_3 y_0 - c_3 f}$$
$$y = -f\frac{a_2 x_0 + b_2 y_0 + c_2 f}{a_3 x_0 + b_3 y_0 + c_3}$$

(6-14)

式中，a_1、a_2……c_3 是倾斜像片 P 相对于摄影基线的方位元素的函数。很显然，核线在"水平"像片上 $y_0 =$ 常数。若将上 $y_0 = c$ 代入（6-14）式中，并经整理后可得，

$$x = \frac{d_1 x_0 + d_2}{d_3 x_0 + 1}$$
$$y = \frac{e_1 x_0 + e_2}{e_3 x_0 + 1}$$

(6-15)

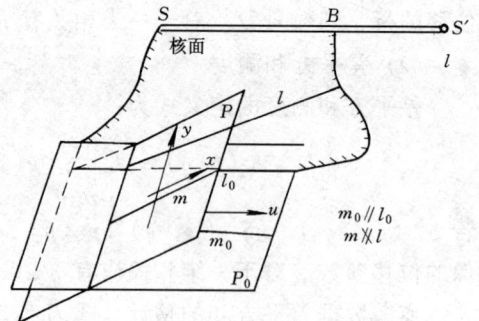

图 6-4 倾斜与"水平"像片

式中，
$$d_1 = \frac{a_1}{b_3 c - c_3 f}, \quad d_2 = \frac{b_1 c - c_1 f}{b_3 c - c_3 f}, \quad d_3 = \frac{a_3}{b_3 c - c_3 f}$$

$$e_1 = \frac{a_2}{b_3 c - c_3 f}, \quad e_2 = \frac{b_2 c - c_2 f}{b_3 c - c_3 f}, \quad e_3 = d_3$$

若在"水平"像片上以等间隔取一系列的 x_0 值，如
$$x_0 = k\Delta, (k+1)\Delta, (k+2)\Delta \cdots\cdots$$

并代入式（6-15）中，即可求出一系列位于倾斜像片核线上的像点坐标 (x_1, y_1)、(x_2, y_2)、(x_3, y_3)……。

同理，对于"水平像对"的右片而言，同名核线的 y_0 值相等，可将同样的 $y'_0 = c$ 代入右片共线方程：

$$\left.\begin{aligned} x' &= -f \frac{a'_1 x'_0 + b'_1 y'_0 - c'_1 f}{a'_3 x'_0 + b'_3 y'_0 - c'_3 f} \\ y' &= -f \frac{a'_2 x'_0 + b'_2 y'_0 - c'_2 f}{a'_3 x'_0 + b'_3 y'_0 - c'_3 f} \end{aligned}\right\} \tag{6-16}$$

即可获得在右片上的同名核线。

6.3.3.2 基于共面条件的同名核线几何关系

这种方法是从核线定义出发，不需要"水平"像片作"中介"直接在倾斜像上获取同名核线。那么，怎样才能根据已知左片上任意一个像点 $a (x_a, y_b)$ 去确定通过该点的核线 l 以右片上的同名核线 l' 呢？

我们知道，核线在像片是直线，因此确定左核线 l 的实质就是在其上再定出一个点 $b (x_b, y_b)$；确定右核线 l' 的实质也就是在其上确定出两个点 $a' (x'_a, y'_a) b' (x'_b, y'_b)$ 如图 6-5 所示。并且不要求 a 与 a'、b 与 b' 是同名像点。

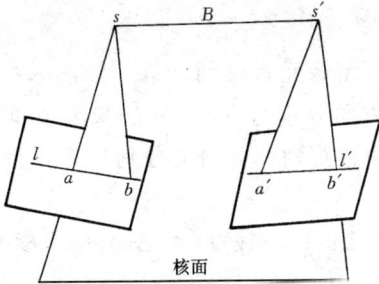

图 6-5 基于共面条件的同名核线几何关系

由于同一核线上的点均位于同一核面上，即满足共面条件：
$$\vec{B} \cdot (\vec{sa} \times \vec{sb}) = 0$$

若采用独立像对相对方位元素系统，

$$\begin{vmatrix} B & O & O \\ u_a & v_a & w_a \\ u_b & v_a & w_b \end{vmatrix} = B \begin{vmatrix} V_a & W_a \\ V_b & W_b \end{vmatrix} = 0 \tag{6-17}$$

式中，u_a、v_a、w_a 和 u_b、v_b、w_b 是像点 a 和 b 的像空间辅助坐标系中的坐标，它们与像点 a 和 b 的像片坐标 (x_a, y_a)、(x_b, y_b) 之间存在关系：

$$\begin{bmatrix} u \\ v \\ w \end{bmatrix} = \begin{bmatrix} a_1 & a_2 & a_3 \\ b_1 & b_2 & b_3 \\ c_1 & c_2 & c_3 \end{bmatrix} \begin{bmatrix} x \\ y \\ -f \end{bmatrix}$$

将 $v_b = b_1 x_b + b_2 y_b - b_3 f$

$$w_b = c_1 x_b + c_2 y_b - c_3 f$$

代入公式（6-17）中，经整理后可得

$$y_b = \frac{v_a(c_1 x_b - c_3 f) - w_a(b_1 x_b - b_3 f)}{b_2 w_a - c_2 v_a}$$

或
$$y_b = (A/B)x_b + (c/B)f \tag{6-18}$$

式中　　$A = v_a c_1 - w_a b_1$

　　　　$B = b_2 w_a - c_2 v_2$

　　　　$c = w_a b_3 - v_a c_3$

当给定 x_b 时，由式（6-18）即可求出相应的 y_b 值。

有了 $a(x_a, y_a)$、$b(x_b, y_b)$ 两点就能够确定过 a 点左右核线 L 在像片上位置。同样道理，可以得到右片上同名核线的两个像点的坐标。

6.3.4　核线的重排列（重采样）

由前述可知，影像采样是在数字影像扫描行的方向上，按一定间隔量测"点"的灰度值。但是在一般情况下，核线方向不会与扫描行方向重合，即核线上的点不可能与采样点重合。因此为了获得核线的灰度序列，必须对原始数字影像重新进行采样。

所谓重新采样就是以原来采样点的灰度值为基础，以某种算法进行内插，进而解求出非采样点原始函数 $g(x, y)$ 的数值。在实际工作中常用的重采样方法有三种：

（1）双线性插值法

双线性插值法内插时，需要待定点 P 邻近的四个原始像元素参加计算，如图6-6所示。计算时可沿 x 方向和 y 方向分别进行。即先沿 y 方向分别对点 a、b 的灰度值重采样；再利用 a、b 点沿 x 方向对 P 点重采样。实际上也可以把两个方向的分别计算合为一次计算，直接求出重采样点的灰度值 $I(P)$：

$$I(P) = (1 - \Delta x)(1 - \Delta y)I_{11} + (1 - \Delta x)\Delta y I_{12} + \Delta x(1 - \Delta y)I_{21} + \Delta x \Delta y I_{22} \tag{6-19}$$

式中　　$\Delta x = x - \text{INT}(x)$

　　　　$\Delta y = y - \text{INT}(y)$

I_{11}、I_{12}、I_{21}、I_{22} 为四个原始像元素的灰度值。

（2）双三次卷积法

采用双三次卷积法对任一点进行重采样时，需要该点四周16个原始像元来参加计算，如图6-7所示。计算可沿 x、y 两个方向分别计算，也可以一次求出重采样点的灰度值 $I(P)$。

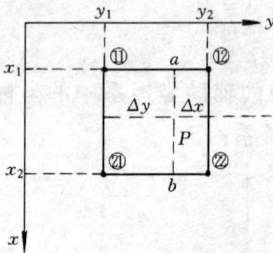

图6-6　双线性插值法内插

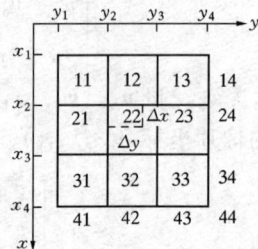

图6-7　双三次卷积法内插

（3）最邻近像元法

直接取与 $P(x, y)$ 点位置最近像元 N 的灰度值为该点的灰度作为采样值，即

$$I(P) = I(N)$$

N 为 P 的最邻近点，其影像坐标值为：

$$\left. \begin{array}{l} x_N = \text{INT}(x + 0.5) \\ y_N = \text{INT}(y + 0.5) \end{array} \right\} \tag{6-20}$$

在上述三种重采样方法中，以最邻近像元法最简单，不仅计算速度快且不破坏原始影像的灰度信息。但几何精度较差，由式（6-20）可知，最大可达 ±0.5 像元。几何精度最高的是双三次卷积法，但其计算工作量太大，一般情况下使用双线性插值最为有利。

6.4 最小二乘影像匹配方法

最小二乘影像匹配是目前使用最为广泛的一种影像匹配方法。它不仅可以用于一般的产生数字地面模型，生产正射影像地图，而且可以用于控制点的加密（空中三角测量）及工业上高精度量测。最小二乘影像匹配还可以非常灵活地引入各种已知参数和条件（如已知的控制点坐标、共线方程⋯）。它不仅可以解决"单点"的影像匹配问题，以求其"视差"；也可以直接解求其空间坐标；而且可以同时解求待定点的坐标与影像的方位元素；还可以同时解决"多点"影像匹配或多片影像匹配等。

6.4.1 最小二乘影像匹配的基本思想

"灰度差平方和最小"是前面介绍的三种判断影像匹配度量算法中的一种。如果将灰度差用余差（v）表示，即 $v = g_1(x, y) - g_2(x, y)$，则上述判断可写为：

$$\Sigma vv = \min$$

这样，它与最小二乘法的原则是一致的。

我们知道，影像灰度是存在系统误差的，主要有两大类。一类是辐射畸变，它由照明及被摄物体辐射面的方向、大气与摄影机物镜所产生的衰减，摄影处理条件的差异以及影像数字化过程中所产生的误差等等；另一类是几何畸变，主要因素是摄影机方位不同所产生的影像的透视畸变，影像的各种畸变以及由于地形坡度所产生的影像畸变等。对于近似垂直摄影的航摄像片而言，地形高差几乎是几何畸变的主要因素。因此，在陡峭山区的影像匹配要比平坦地区影像困难。

在影像匹配中引入这两类系统变形的参数，同时按最小二乘的原则解求这些参数，这就是最小二乘影像匹配的基本思想。还需指出的是，由于最小二乘影像匹配是非线性系统，因此必须按迭代法进行解算，迭代过程收敛的速度取决于初值。为此，采用最小二乘影像匹配必须已知初匹配的结果。

6.4.2 单点最小二乘影像匹配

在引入系统变形参数以后，在影像匹配窗口尺寸很小的情况下，两个二维影像之间的灰度分布 g_1 与 g_2 存在着如下关系：

$$g_1(x, y) + n_1(x, y) = h_0 + h_1 g_2(a_0 + a_1 x + a_2 y, b_0 + b_1 x + b_2 y) + n_2(x, y)$$

$$\tag{6-21}$$

式中 h_0, h_1 ——线性辐射畸变参数；

n_1，n_2——g_1，g_2 中存在的偶然误差；

a_0，a_1，a_2，b_0，b_1，b_2——几何变形改正参数。

将式（6-21）线性化后，就可得到最小二乘影像匹配的误差方程式：

$$v = c_1 \mathrm{d}h_0 + c_2 \mathrm{d}h_1 + c_3 \mathrm{d}a_0 + c_4 \mathrm{d}a_1 + c_5 \mathrm{d}a_2 + c_6 \mathrm{d}b_0 + c_7 \mathrm{d}b_1 + c_8 \mathrm{d}b_2 - \Delta g \quad (6\text{-}22)$$

式（6-22）中，c_1，c_2……c_8 是误差方程式的系数。

$$\left.\begin{aligned}
c_1 &= 1 \\
c_2 &= g_2 \\
c_3 &= \frac{\partial g_2}{\partial x_2} \cdot \frac{\partial x_2}{\partial a_0} = \dot{g}_x \\
c_4 &= \frac{\partial g_2}{\partial x_2} \cdot \frac{\partial x_2}{\partial a_1} = x\dot{g}_x \\
c_5 &= \frac{\partial g_2}{\partial x_2} \cdot \frac{\partial x_2}{\partial a_2} = y\dot{g}_x \\
c_6 &= \frac{\partial g_2}{\partial y_2} \cdot \frac{\partial y_2}{\partial b_0} = \dot{g}_y \\
c_7 &= \frac{\partial g_2}{\partial y_2} \cdot \frac{\partial y_2}{\partial b_1} = x\dot{g}_y \\
c_8 &= \frac{\partial g_2}{\partial y_2} \cdot \frac{\partial y_2}{\partial b_2} = y\dot{g}_y
\end{aligned}\right\} \quad (6\text{-}23)$$

由于数字影像匹配中，灰度是按规则格网排列的离散阵列，且采样间隔为常数 Δ，可视为单位长度。故式（6-23）中的偏导数均用差分代替：

$$\dot{g}_y = \dot{g}_J(I,J) = 1/2\left[g_2(I,J+1) - g_2(I,J-1)\right]$$
$$\dot{g}_x = \dot{g}_I(I,J) = 1/2\left[g_2(I+1,J) - g_2(I-1,J)\right]$$

式中未知数 $\mathrm{d}h_0$、$\mathrm{d}h_1$、$\mathrm{d}a_0$……、$\mathrm{d}b_2$ 是待定参数的改正数，它们的初值分别为

$$h_0 = 0$$
$$h_1 = 1$$
$$a_0 = 0$$
$$a_1 = 1$$
$$a_2 = 0$$
$$b_0 = 0$$
$$b_1 = 0$$
$$b_2 = 1$$

Δg 是像素的灰度差，是观测值。目标区的每一个像元均需按式（6-22）、（6-23）建立误差方程，其矩阵形式为：

$$V = CX - L \quad (6\text{-}24)$$

按最小二乘原理，对误差方程进行法化，其法方程的矩阵形式为：

$$(C^{\mathrm{T}}C)X = (C^{\mathrm{T}}L) \quad (6\text{-}25)$$

因此，待定参数的改正数

$$X = (C^TC)^{-1}(C^TL) \tag{6-26}$$

最小乘影像匹配的迭代过程如图 6-8 所示，其具体步骤为：

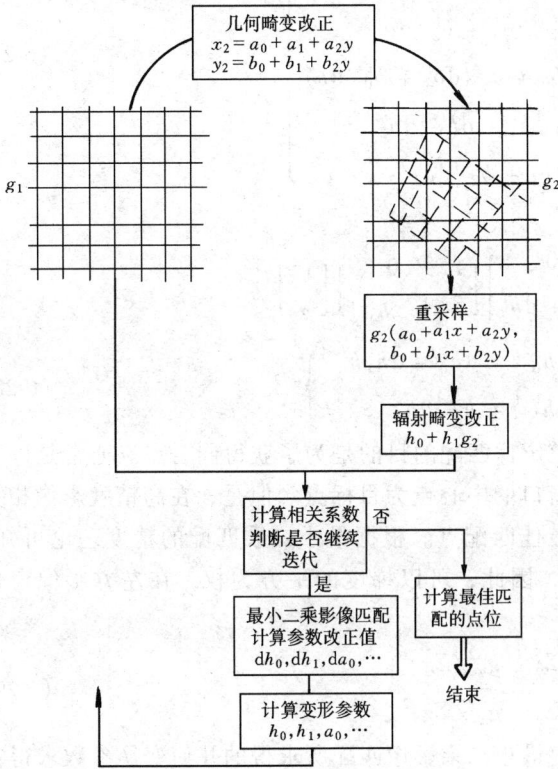

图 6-8　最小二乘匹配流程

（1）几何变形改正。根据几何变形改正参数 a_0，a_1，a_2，b_0，b_1，b_2 将左方影像窗口的像片坐标（像素的行列号）变换至右方影像阵列：

$$x_2 = a_0 + a_1x + a_2y$$
$$y_2 = b_0 + b_1x + b_2y$$

（2）重采样。由于换算所得之坐标 x_2，y_2 一般不可能是右方影像阵列中的整数行列号，因此重采样是必须的，由重采样获得 g_2（x_2，y_2）。一般来说，重采样可采用双线性内插。

（3）辐射畸变改正。利用由最小二乘影像匹配所求得辐射畸变改正参数 h_0，h_1，对上述重采样的结果作辐射改正，$h_0 + h_1 \cdot g_2$（x_2，y_2）。

（4）计算左方影像窗口与经过几何、辐射改正后的右方影像窗口的灰度阵列 g_2 与 $h_0 + h_1 \cdot g_2$（x_2，y_2）之间的相关系数 ρ，判断是否需要继续迭代。一般来说，若相关系数小于前一次迭代后所求得的相关系数，则可认为迭代结束。另外，判断迭代结束，也可以根据几何变形参数（特别是移位改正值 da_0，db_0 是否小于某个预定的阈值。

（5）采用最小二乘影像匹配，解求变形参数的改正值 dh_0，dh_1，$da_0\cdots$。

（6）计算变形参数。由于变形参数的改正值是根据经过几何、辐射改正后的右方影像灰度阵列求得的，因此，变形参数应按下列算法求得，设 h_0^{i-1}，h_1^{i-1}，a_0^{i-1}，$a_1^{i-1}\cdots$是前一次变形参数，而 dh_0^i，dh_1^i，$da_0^i\cdots$是本次迭代所求得的改正值，则几何改正参数 a_0^i，a_1^i，$\cdots$：

$$\begin{bmatrix} 1 \\ x_2 \\ y_2 \end{bmatrix} = \begin{bmatrix} 1 & 0 & 0 \\ a_0^i & a_1^i & a_2^i \\ b_0^i & b_1^i & b_2^i \end{bmatrix} \begin{bmatrix} 1 \\ x \\ y \end{bmatrix}$$

$$= \begin{bmatrix} 1 & 0 & 0 \\ da_0^i & 1+da_1^i & da_2^i \\ db_0^i & db_1^i & 1+db_2^i \end{bmatrix} \begin{bmatrix} 1 & 0 & 0 \\ a_0^{i-1} & a_1^{i-1} & a_2^{i-1} \\ b_0^{i-1} & b_1^{i-1} & b_2^{i-1} \end{bmatrix} \begin{bmatrix} 1 \\ x \\ y \end{bmatrix}$$

所以

$$\left.\begin{array}{rcl}
a_0^i &=& a_0^{i-1} + \mathrm{d}a_0^i + a_0^{i-1}\mathrm{d}a_1^i + b_0^{i-1}\mathrm{d}a_2^i \\
a_1^i &=& a_1^{i-1} + a_1^{i-1}\mathrm{d}a_1^i + b_1^{i-1}\mathrm{d}a_2^i \\
a_2^i &=& a_2^{i-1} + a_2^{i-1}\mathrm{d}a_1^i + b_2^{i-1}\mathrm{d}a_2^i \\
b_0^i &=& b_0^{i-1} + \mathrm{d}b_0^i + a_0^{i-1}\mathrm{d}b_1^i + b_0^{i-1}\mathrm{d}b_2^i \\
b_1^i &=& b_1^{i-1} + a_1^{i-1}b_1^i + \mathrm{d}b_1^{i-1}\mathrm{d}b_2^i \\
b_2^i &=& b_2^{i-1} a_2^{i-1}\mathrm{d}b_1^i + b_2^{i-1}\mathrm{d}b_2^i
\end{array}\right\} \tag{6-27}$$

对于辐射畸变参数

$$\begin{bmatrix} 1 \\ g_1 \end{bmatrix} = \begin{bmatrix} 1 & 0 \\ \mathrm{d}h_0^i & 1 + \mathrm{d}h_1^i \end{bmatrix}\begin{bmatrix} 1 & 0 \\ h_0^{i-1} & h_1^{i-1} \end{bmatrix}\begin{bmatrix} 1 \\ g_2 \end{bmatrix}$$

$$\left.\begin{array}{rcl}
h_0^i &=& h_0^{i-1} + \mathrm{d}h_0^i + \mathrm{d}h_1^i h_0^{i-1} \\
h_1^i &=& h_1^{i-1} + h_1^{i-1}\mathrm{d}h_1^i
\end{array}\right\} \tag{6-28}$$

(7) 计算最佳匹配的点位。我们知道影像匹配的目的是为了获得同名点。通常是以待定的目标点建立一个目标影像窗口，即窗口的中心点为目标点。但是，在高精度影像相关中，必须考虑目标窗口的中心点是否是最佳匹配点。根据最小二乘匹配的精度理论可知：匹配精度取决于影像灰度的梯度 $\dot{g}_x{}^2 \dot{g}_y{}^2$，因此，可以梯度的平方为权，在左方影像窗口内对坐标作加权平均：

$$\left.\begin{array}{rcl}
x_t &=& \Sigma x \cdot \dot{g}_x{}^2 / \Sigma \dot{g}_x{}^2 \\
y_t &=& \Sigma y \cdot \dot{g}_y{}^2 / \Sigma \dot{g}_y{}^2
\end{array}\right\} \tag{6-29}$$

以它作为目标点坐标，它的同名坐标可由最小二乘影像匹配所求得的几何变换参数求得：

$$\left.\begin{array}{rcl}
x_s &=& a_0 + a_1 x_t + a_2 y_t \\
y_s &=& b_0 + b_1 x_t + b_2 y_t
\end{array}\right\} \tag{6-30}$$

6.4.3 多点最小二乘影像匹配

一般影像匹配包括人工观测在内，要想在缺乏纹理的区域完成匹配和观测是十分困难的，这是因为一般匹配方法每次只能匹配一个点。如果采用双线性有限元内插与最小二乘匹配相结合的方法，同时答解各格网点的视差，再通过周围点视差平滑约束，可以求得这些地区（小范围纹理缺乏地区）的视差值，从而完成局部整体影像匹配，这就是多点最小二乘影像匹配。

下面简要介绍一下多点最小二乘影像匹配的原理。

对于任何一个点（像素），不管采用什么几何变形参数。考虑到影像间的几何变形都是针对一个小面积（灰度阵列）的变形而言时，我们主要关心的是其位移－x 方向视差 p 与 y 方向视差 q。假设左、右影像均按核线重采样，则同名核线上不存在上下视差，即 $q = 0$。也就是说，对某一个像点（像素）而言，其几何变形主要是 x 方向存在的位移 p。假如不考虑辐射畸变，则左影像灰度函数 $g_1(x, y)$ 与右影像灰度函数 $g_2(x, y)$ 应满足：

$$g_1(x,y) + n_1(x,y) = g_2(x + p, y) + n_2(x,y) \tag{6-31}$$

其中，$n_1(x, y)$ 与 $n_2(x, y)$ 分别是左、右影像中的随机噪声，未知数 P 是该点视差。由此数学模型可列出误差方程

94

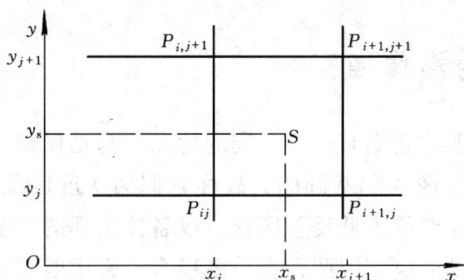

图 6-9 格网 (i, j) 中的点 S

$$v(x, y) = g_2(x', y') - g_1(x, y)$$
$$= g_2(x + P, y) - g_1(x, y)$$

$$(6\text{-}32)$$

其中

$$x' = x + p$$
$$y' = y$$

按双线性有限元内插法可知，任意一点的视差值可用其所在格网的 4 个顶点的视差值作双线性内插求得。设点 $S(x_s, y_s)$ 落在第 i 列、第 j 行的视差格网 (i, j) 中如图 6-9 所示。则点 S 的视差可由点 $P_{i,j}(x_i, y_j)$, $P_{i+1,j}(x_{i+1}, y_j)$, $P_{i,j+1}(x_i, y_{j+1})$, $P_{i+1,j+1}(x_{i+1}, y_{i+1})$ 的视差 $P_{i,j}, P_{i+1,j}, P_{i,j+1}$ 与 $P_{i+1,j+1}$, 表示为：

$$P_s = [P_{i,j}(x_{i+1} - x_s)(y_{j+1} - y_s) + P_{i+1,j}(x_s - x_i)(y_{j+1} - y_s) + P_{i,j+1}(x_{i+1} - x_s)(y_s - y_j)$$
$$+ P_{i+1,j+1}(x_s - x_i), (y_s - y_j)] / [(x_{i+1} - x_i)(y_{j+1} - y_j)] \qquad (6\text{-}33)$$

其中 $\qquad\qquad x_i < x_s < x_{i+1}; y_j < y_s < y_{i+1}$

将式（6-28）代入误差方程并线性化得

$$v(x_s, y_s) = c_{i,j}\Delta p_{i,j} + c_{i+1,j}\Delta p_{i+1,j} + c_{i,j+1}\Delta p_{i,j+1} + c_{i+1,j+1}\Delta p_{i+1,j+1} - \Delta g(x_s, y_s)$$

$$(6\text{-}34)$$

其中

$$c_{i,j} = \dot{g}_{2x}(x_{i+1} - x_s)(y_{j+1} - y_s) / (\Delta x \cdot \Delta y)$$
$$c_{i+1,j} = \dot{g}_{2x}(x_s - x_i)(y_{j+1} - y_s) / (\Delta x \cdot \Delta y)$$
$$c_{i,j+1} = \dot{g}_{2x}(x_{i+1} - x_s)(y_s - y_j) / (\Delta x \cdot \Delta y)$$
$$c_{i+1,j+1} = \dot{g}_{2x}(x_s - x_i)(y_s - y_j) / (\Delta x \cdot \Delta y)$$
$$\dot{g}_{2x} = \frac{\partial_{g2}(x'_s y'_s)}{\partial'_x} = [g_2(x'_s + 1, y') g_2(x'_s - 1, y'_s) / 2$$
$$\Delta x = x_{i+1} - x_i$$
$$\Delta y = y_{i+1} - y_i$$
$$\Delta g(x_s, y_s) = g_1(x_s y_s) - g_2(x'_s y'_s)$$
$$x'_s = x_s + P$$
$$y'_s = y_s$$

这就是有限元最小二乘匹配的误差方程式。

采用多点匹配时，各点视差之间由双线性函数联系，利用各种约束条件作虚拟的误差方程式，特别是在利用较密的格网时，对缺乏信号的影像部分，通过与周围格网点的约束条件可以求得稳定的解，不会出现较大的偏差。约束条件一般采用曲率为极小的条件（对视差平面起平滑作用），其误差方程式为：

$$\left.\begin{array}{l} v_x(i,j) = 2\Delta P_{i,j} - \Delta P_{i+1,j} - \Delta p_{i-1,j} \\ v_y(i,j) = 2\Delta P_{i,j} - \Delta P_{i,j+1} - \Delta p_{i,j-1} \end{array}\right\} \qquad (6\text{-}35)$$

将式（6-34）与式（6-35）联合组成误差方程，即可解得规则格网点 $P(i, j)$ 上的视差值，建立视差格网。

6.5　基于特征的影像匹配

对前面所述的影像匹配算法进行分析可以发现，它们有一个共同的特点，都是以待定点为中心的窗口（或称区域）内影像灰度分布为影像匹配基础的，故称它们为灰度匹配。但是这种灰度匹配也是有局限性的，例如：当匹配点位于低反差区内，或者被处理的对象主要是人工建筑物等等，基于灰度匹配算法就难以适应。因此，在很多场合，影像匹配主要是用于配准那些特征点、线或面，因为特征的存在意味着在该局部区域的灰度产生了明显变化。由于基于特征的匹配是以"整像素"精度定位，因而对需要高精度的情况，应将其结果作为近似值，再利用最小二乘影像匹配进行精确匹配，取得"子像素"级的精度。

下面就基于特征的影像的匹配中一些基本概念作些简单介绍。

6.5.1　金字塔影像

多数基于特征的影像匹配方案使用的是金字塔影像结构。金字塔影像是按 $l \times l$ 像元素变换成一个像元素逐层形成，原始影像称为第零层，第一层影像的每一个像素相当于零层的 $(l \times l)^l$ 个像素，第 k 层影像的每一个像素则相当于零层的 $(l \times l)^k$ 个像素。因此，金字塔影也称为分层结构影像。

在使用金字塔影像结构时通常将上一层影像的特征匹配结果传到下一层作为初始值，并考虑到对粗差的剔除和改正。最后以特征匹配结果作为"控制"，对其他点进行匹配或内插。建立金字塔分层影像，需要确定金字塔影像的层数。金字塔影像的层数可由两种方法确定。

第一种方法，当影像的先验视差来知时，建立一个较完整的金字塔，其塔尖（最上一层）的像元素个数在列方向上介于匹配窗口像素列数的 1 倍与 l 倍之间。当影像长为 n 个像素，匹配窗长为 w 个像素，则金字塔影像的层数 k 满足：

$$w < \mathrm{INT}[n/l^k + 0.5] < l.w \qquad (6\text{-}36)$$

如果原始影像列方向较长时，则以行方向为准来确定金字塔的层数。由此可见，此法是以影像匹配窗口大小确定金字塔影像层数的。

第二种方法，当影像的先验视差已知时，由先验视差确定金字塔影像层数 k：

$$\frac{P_{\max}}{l^k} = S.\Delta \qquad (6\text{-}37)$$

式中　$P_{\max}$——已知的或可估计出的影像最大视差；

　　　S——最上层影像匹配时左、右搜索像素的个数；

　　　Δ——像素的大小。

6.5.2　特征提取

特征从理论上讲应是影像灰度曲面的不连续点。因实际影像中由于扩散函数的作用，特征表现为在一个微小邻域中灰度的急剧变化，或灰度分布的均匀性，也就是在局部区域中具有较大的信息量。

特征提取主要是应用各种提取算子对左影像进行特征提取。根据各特征点的兴趣值，将特征点分成几个等级，匹配时可按等级依次进行处理。针对不同的目的，特征点提取应有所不同。例如，当特征匹配的目的是用于计算影像的相对方位参数，则应主要提取梯度

方向与 y 轴接近一致的特征；对于一维影像匹配，则应主要提取梯度方向与 x 轴接近一致的特征。特征的方向还可用于匹配中的辅助差别。

6.5.3　特征点的匹配

当影像方位参数未知时，必须进行二维的影像匹配。此时匹配的主要目的是利用明显点对解求影像的方位参数，以建立立体影像模型，形成核线影像以便进行一维匹配。二维匹配的搜索范围在最上一层影像由先验视差确定，在其后各层，只需要小范围内搜索。

当影像方位已知时，可直接进行带核线约束条件的一维匹配，但在上下方向可能各搜索一个像素。也可以沿核线重形成核线影像，进行一维影像匹配。但当影像方位参数不精确或采用近似核线的概念时，也可能有必要在上下方向各搜索一个像素。

特征点的提取与匹配是遵循一定顺序原则进行的，最常见的顺序原则有：

① "深度优先"。对最上一层左影像每提取到一个特征点，即对其进行匹配。然后将结果化算下一层影像进行匹配，直至原始影像，并以该匹配点对为中心，将其邻域的点进行匹配。再升到一层，在该层已匹配的点的邻域选择另一点，进行匹配，将结果化算到原始影像，重复前一点的过程，直至第一层最先匹配的点的邻域中的点处理完，再回溯到第二层，如此进行。这种处理顺序类似人工智能中的深度优先搜索法，其搜索顺序如图 6-10 所示。

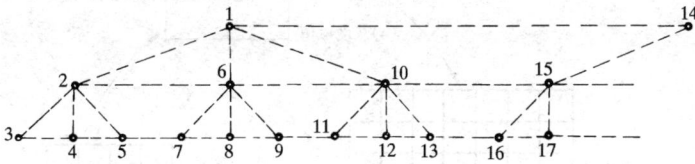

图 6-10　"深度优先"

② "广度优先"。这是一种按层处理的方法，即首先对最上一层影像进行特征提取与匹配，将全部点处理完后，将结果化算到下一层，并加密，进行匹配。重复以上过程直至原始影像。这种处理顺序类似人工智能中的广度优先搜索法。

特征点匹配时除了运用一定的相似性测度（主要是相关系数）外，一般还可考虑特征的方向，周围已匹配点的结果，如将前一条线已匹配的点沿边缘线传递到当前核线上的同一边缘线上的点。由于特征点的信噪比应该较大，因此其相关系数也应较大，故可设一较大的阈值，当相关系数高于阈值时，才认为是匹配点，否则需利用其他条件进一步判别。经验表明，特征的相关系数一般都能达到 0.9 以上。特征点匹配时，还应注意对粗差的剔除。

6.6　正射影像图制作原理
——数字微分纠正

在第三章中，我们曾经详细介绍了航摄像片（光学影像）的几何纠正原理及使用纠正仪制作像片平面图的方法。但是对于数字影像而言，纠正仪是无法胜任的，而只能采用数字纠正方法来完成影像的几何纠正任务。因为数字纠正是根据有关的参数与数字地面模型（下一节介绍），利用相应的构像方程式，或按一定的数学模型用控制点解算，从而将原始的非正射投影影像化为很多微小的区域逐一进行的，所以这种数字纠正被称为数字微分纠正。

6.6.1 数字微分纠正原理

数字微分纠正的基本任务是实现两个二维图像之间的几何变换。在数字微分纠正的过程中，首先应确定原始图像与纠正后图像之间的几何关系。现假设任意像元素在原始图像中的坐标为 (X, Y)，在纠正后图像中的坐标为 (x, y)，它们之间的映射关系为：

$$\left. \begin{array}{l} x = f_x(X, Y) \\ y = f_y(X, Y) \end{array} \right\} \tag{6-38}$$

由于式（6-38）是由纠正后的像点坐标 (X, Y)，反求在原始图像上的像点坐标 (x, y)，这种方法习惯上称为反解法。反解法数字微分纠正的纠正过程如下：

1. 计算地面点坐标

设正射影像上任意一点（像素中心）P 的坐标为 (X', Y') 由正射射影像左下角图廓点地面坐标 (X_0, Y_0) 与正射像比例尺分母 M 计算 P 点对应的地面坐标 (X, Y)（如图 6-11 所示）：

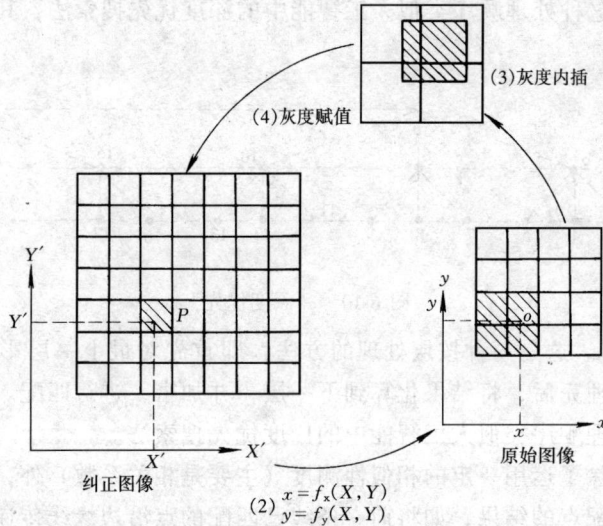

图 6-11　反解法数字纠正

$$\left. \begin{array}{l} X = X_0 + m \cdot X' \\ X = y_0 + m \cdot X' \end{array} \right\} \tag{6-39}$$

2. 计算像点坐标

应用反解公式（6-38）计算原始图像上相应像点坐标 $P(x, y)$，在航空摄影情况下，反解公式为共线方程：

$$\left. \begin{array}{l} (x - x_0) = -f \dfrac{a_1(X - X_s) + b_1(Y - Y_s)Y + c_1(Z - Z_s)}{a_3(X - X_s) + b_3(Y - Y_s)Y + c_3(Z - Z_s)} \\[3mm] (y - y_0) = -f \dfrac{a_2(X - X_s) + b_2(Y - Y_s)Y + c_{(}Z - Z_s)}{a_3(X - X_s) + b_3(Y - Y_s)Y + c_3(Z - Z_s)} \end{array} \right\} \tag{6-40}$$

式中，Z 是 P 点的高程，由数字地面模型内插求得。

但应注意的是，原始数字化影像是以行、列为计量。为此，应利用像点坐标与扫描坐标之关系，再求得相应的像元素坐标，但也可以以 X、Y、Z 直接解求扫描坐标 I，J。

$$
\left.
\begin{aligned}
I &= \frac{L_1 X + L_2 Y + L_3 Z + L_4}{L_9 X + L_{10} Y + L_{11} Z + 1} \\[2mm]
J &= \frac{L_5 X + L_6 Y + L_7 Z + L_8}{L_9 X + L_{10} Y + L_{11} Z + 1}
\end{aligned}
\right\}
\tag{6-41}
$$

式中的系数 L_1，L_2，$\cdots L_{11}$，是内定向变换参数 m'_1，m'_2，n'_1，n'_2，主点坐标 I_0，J_0，旋转矩形阵元素 a_1，a_2，$\cdots a_3$，以及摄站坐标 X_S，Y_S，Z_S 的函数。

根据公式（6-41）即可由 X，Y 直接获得数字化影像的像元素坐标。

3. 灰度内插

由于所得的像点坐标不一定落在像元素中心，为此必须进行灰度内插，一般可采用双线性内插，求得像点 P 的灰度值 $g(x, y)$。

4. 灰度赋值

最后将像点 P 的灰度值赋给纠正后像元素 P，即

$$
G(X, Y) = g(x, y) \tag{6-42}
$$

依次对每个纠正像素完成上述运算，即能获得纠正的数字图像，这就是反解算法的原理和基本步骤。因此，从原理而言，数字纠正是属点元素纠正。

反解法的基本原理与步骤可用图 6-11 示例说明。

6.6.2 数字纠正的实际解法

从上述数字纠正原理来看，按式（6-41）进行数字纠正是对每一个点而言的，即数字纠正点是元素纠正。但是在实际的软件系统中，几乎都是以"面元素"作为"纠正单元"的，其原理可用图 6-12 表示。

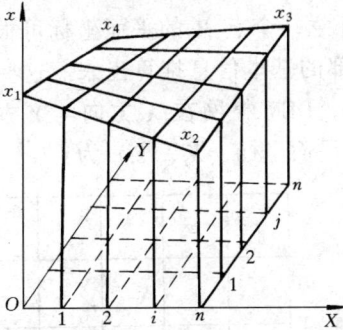

图 6-12　x 坐标的双线性内插

纠正单元一般采用正方形，用式（6-41）计算该单元的四个"角点"的像点坐标 (x_1, y_1)，(x_2, y_2)，(x_3, y_3)，(x_4, y_4)。而纠正单元的坐标 (x_{ij}, y_{ij}) 用双线性内插方法求得（x，y 是分别进行内插求解的）。内插后任意一个像元 i，j 所对应的像点坐标 x，y 为：

$$
\left.
\begin{aligned}
X(i, j) &= \frac{1}{n^2}\left[(n - i)(n - j)x_1 + i(n - j)x_2 + (n - i) \cdot jx_4 + ijx_3\right] \\[2mm]
y(i, j) &= \frac{1}{n^2}\left[(n - i)(n - j)y_1 + i(n - j)y_2 + (n - i) \cdot jy_4 + ijy_3\right]
\end{aligned}
\right\}
\tag{6-43}
$$

根据该式求得像点坐标后，再应用灰度双线性内插，求其灰度。

6.7　数字地面模型

数字地面模型 DTM（digital terrain model）是用一系列地面点的坐标值以数字方式来表达地形表面的。与传统的表达地形信息的地形图相比较，用数字表达形式有着无比的优越性。首先，它可以直接输入计算机，供各种计算机辅助设计（例如，铁路、公路、输电

线的设计）使用；其次，DTM 可运用多层数据结构存贮丰富的信息，包括地形图无法容纳与表达的垂直分布地物信息（例如，各种工程的面积、体积、坡度的计算，任意两点间可视性判断，绘制任意断面图，自动绘制等高线，制作正射影像图等等）以适应国民经济各方面的需求；此外，由于 DTM 存贮的信息是数字形式的，修改、更新、复制与管理以及转换成其他形式的地表资料文件及产品（地形图、表格等）也是非常方便的。

随着，数字地面模型 DTM 的理论与实践的发展与不断完善，以及国民经济各方面对 DTM 产品需求的增加，数字地面模型 DTM 已不再局限于地形测绘的范畴，它还可对资源、环境、土地利用、人口分布等多种信息进行定量或定性描述，事实上 DTM 已经成为地理信息库最基本的内核。

6.7.1　DEM 及 DEM 的形式

在 DTM 的诸多信息中，若只考虑地形情况且组成 DTM 的一系列地面点按规则格网排列时，这些点的平面坐标（x_i，y_i）可省略，这样地面形态只用点的高程（z_i）来表达，称为数字高程模型 DEM（digital elevation model）。

DEM 有多种表示形式，主要包括规则矩形格网与不规则三角网等。为了减少数据的存贮量及便于使用管理，可利用一系列在 X，Y 方向上都是等间隔排列的地形点的高程 Z 表示地形，形成一个矩形格网 DEM，如图 6-13 所示。其任意一个点 P_{ij} 的平面坐标可根据该点在 DEM 中的行、列号 j、i 及存放在该 DEM 文件头部的基本信息推算出来。这些基本信息应包括 DEM 起始点（一般为左下角）坐标 X_0，Y_0，DEM 格网在 X 方向与 Y 方向的间隔 DX，DY 及 DEM 的行、列数 NY、NX 等。点 P_{ij} 的平面坐标（X_i，Y_j）为：

$$\left.\begin{aligned}
X_i &= X_0 + i \cdot DX \,(i = 0,1,\cdots,NX-1) \\
Y_J &= Y_0 + J \cdot DY(j = 0,1,\cdots NY-1)
\end{aligned}\right\} \quad (6\text{-}44)$$

在这种情况下，除了基本信息外，DEM 就变成一组规则存放的高程值。

由于矩形格网 DEM 存贮量最小（还可进行压缩存贮），非常便于使用且容易管理，因而是目前运用最广泛的一种形式。但其缺点是有时不能准确表示地形的结构与细部，因此基于 DEM 描绘的等高线不能准确地表示地貌。为克服其缺点，可采用附加地形特征数据，如地形特征点、山脊线、山谷线、断裂线等，从而构成完整的 DEM。

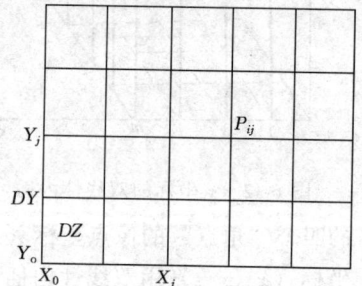

图 6-13　矩形格网 DEM

如果将按地形特征采集的点按一定规则连接成覆盖整个区域且互不重叠的许多三角形，构成一个不规则三角网表示的 DEM，称为三角网 DEM 或 TIN（trangulated irregular network）。TIN 能较好的顾及地貌特征点、线，表示复杂地形表面比矩形网格精确。这种 DEM 表示形式的缺点就是数据量大、数据结构复杂、使用与管理也较复杂。

图 6-14 所示的是一种矩形格网与三角网混合形式的 DEM。这种表示形式充分利用了上述两种形式 DEM 的优点，即一般地区使用矩形格网数据结构（还可以根据地形采用不同密度的格网），沿地形特征则附加三角网数据结构。

6.7.2　数字地面模型的建立

数字地面模型的建立一般要经过数据取样，数据处理和数据存贮三个过程。数据取样是指数据点的选取和其坐标值的量测；数据处理是以数据点作为控制基础，用某一数学模

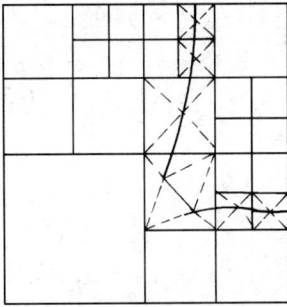

图 6-14 矩形格网三角网混合形式 DEM

型来模拟地表面，进行内插加密计算，以取得一种密集矩形格网节点处坐标值；数据存贮是将地面模型以数字形式记录存贮器中。

6.7.2.1 数据取样

数据取样就是量测一些点的三维坐标，这些是建立数字地面模型的控制基础。数据取样有很多种方式，例如：能准确反映地形特征的选择取样，选择取样主要沿山脊线、山谷线、断裂线进行数据点的采集以及离散碎部点的采集；特别适合自动化的规则格网取样；将规则取样与选择取样结合起来的混合取样，混合取样可以建立附加地形特征的规则矩形格网 DEM，也可以建立沿特征附加三角网的 Grid-TIN 混合形式的 DEM。

6.7.2.2 数据处理

数据处理就是以取样所得的数据点为依据，采用某种数学模型模拟地表面，进行内插加密计算，以获得规则格网的 DEM。可用于 DEM 内插的方法有很多，例如：移动曲面拟合法、分块函数法、多层曲面法及最小二乘配置法等等，其中移动曲面拟合法应用较为广泛。

移动曲面拟合是典型的逐点内插法，对每一个特定点取用一个多项式曲面拟合该点附近的地表面。此时取得特定点作平面坐标系的原点，并以特定点为圆心，以 R 为半径的圆内诸数据点来定义函数的特定参数，如图 6-15 所示。设取二次多项式来拟合，则待定的高程可写成一般式为：

$$Z_p = AX^2 + BXY + CY^2 + DX + EY + F \quad (6-45)$$

将坐标原点平移到待定点处后，数据点坐标$(\bar{X}_i, \bar{Y}_i)$为：

$$\left.\begin{array}{l} \bar{X}_i = X_i - X_p \\ \bar{y}_i = Y_i - Y_p \end{array}\right\} \quad (6-46)$$

将式（6-46）代入到式（6-45）得移动曲面拟合法二次多项式插值公式

$$Z_P = A\bar{X}_i^2 + B\bar{X}_i\bar{Y}_i + C\bar{Y}_i^2 + D\bar{X}_i + E\bar{Y}_i + F \quad (6-47)$$

式（4-47）中有 6 个待定参数。若要解求这 6 个参数，以 R 为半径的圆内至少应有 6 个数据点。当数据点$P_i(\bar{X}_i, \bar{Y}_i)$到待定点 $P(X_p, Y_p)$ 的距离

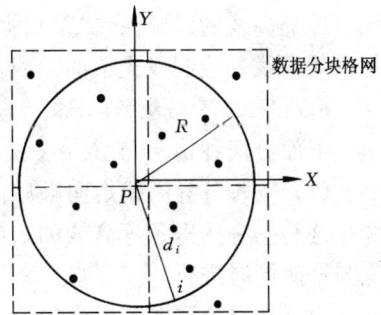

图 6-15 选取 P 为圆心 R 为半径的圆内数据点参加内插计算

$$d_i = \sqrt{\bar{X}_i^2 + \bar{Y}_i^2} < R \quad (4-48)$$

时，该点即为选用。若圆内的点数少于 6 个时，则应增大 R 的数值，直到数据点的个数多于 6 个为止。当数据点的个数大于 6 个时，则以数据点高程 Z 作为观测值，列出误差方程式

$$v = A\bar{X}_i^2 + B\bar{X}_i \cdot \bar{Y}_i + C\bar{Y}_i^2 + D\bar{X}_i + E\bar{Y}_i + F - Z_i \quad (6-49)$$

并以数据点到待定点的距离 d_i 为依据赋予适当的权（d_i 愈小，它对待定点的影响愈大，则权应愈大；反之当 d_i 愈大时，权应愈小）。常用的权有以下几种形式，可供选用：

$$P_i = \frac{1}{d_i^2}$$

$$P_i = \left(\frac{R - d_i}{d_i}\right)$$

$$P_i = e^{-\frac{d_i^2}{k^2}}$$

(6-50)

式中，k 为某一选用的常数。

最后还需对误差方程式（6-49）法化并求得解。由于待定点的 $\overline{X}_P = \overline{Y}_P = 0$，所以系数 F 就是待定点的内插高程值 Z_P。

6.7.2.3 数据存贮

经内插得到的 DEM 数据须以一定结构与格式存贮起来，以便于各种应用。DEM 数据一般以图幅为单位建立文件存贮在磁带、磁盘或光盘上。通常其文件头（零记录）存放有关的基础信息，包括起始点平面坐标、格网间隔、区域范围、图幅编号等等。

DEM 数据的主体—各格网点的高程，存放在文件头之后。每个小范围的 DEM 其数据量不大，可直接存贮，每一个记录为一个点高程或一行高程数据。对于较大范围的 DEM，其数据量较大，则必须考虑数据的压缩存贮。压缩处理常用的方法有整型量存贮、差分映射及压缩编码等。

除了格网点高程数据，文件中还应存贮该地区的地形特征点、线的数据。

6.7.3 等高线的绘制

利用规则格网 DEM 自动绘制等高线是 DEM 诸多应用中使用比较广泛的一个。它主要包含两个内容：一是如何在格网上找到等高线的位置，并将这些等高线的数据点按顺序排列（即等高线的跟踪）；二是根据排列的等高线的 X、Y 坐标，进行内插补点，即进一步加密等高线并绘制成光滑的曲线（即等高线的插补与光滑）。

6.7.3.1 等高线的跟踪

下面分两种情况介绍。

（1）按每条等高线走向顺序插点并排队

这是一种按每条等高线的走向，进行边搜索、边插点、边排队的方法。内插等高线的点与排队同时进行。

为了在整个测图范围内内插等高线点，首先要根据数字高程模型中的最低点与最高点的高程 $Z_{\min}$，$Z_{\max}$，求得最低的等高线 $h_{\min}$ 与最高的等高线 $h_{\min}$，若已知等高线的间距为 Δh，则

$$h_{\min} = \text{INT}\left(\frac{Z_{\min}}{\Delta h} + 1\right) \cdot \Delta h$$

$$h_{\max} = \text{INT}\left(\frac{Z_{\max}}{\Delta h} + 1\right) \cdot \Delta h$$

式中，INT 表示取整。有了最低等高线（或最高等高线），就由低（高）逐条等高线进行边搜索内插每一条等高线。先找到一个起点，然后顺着等高线的走向一点一点搜索到终点。一个区域内，开曲线起点值在格网外的边上，闭曲线则在格网的内部。

一个格网的一个边是否与某一条等高线的 h 相交，就看等高线的高程是否在这条格网边的两点高程之间。设格网边两端点高程这 Z_A，与 Z_B，则数字判断式为：

$$Z_A \geqslant h \geqslant Z_B \quad \text{或} \quad Z_A \leqslant h \leqslant Z_B$$

其检验标准为：

$$(Z_A - h)(Z_B - h) \leqslant 0 \tag{6-51}$$

满足上述不等式则存在等高线交点。当式中为等号时，作退化处理。满足上述不等式后，交点用 Z_A 与 Z_B 进行线性内插，由等高线的起点，顺着曲线往前移动，如图 6-16。当找到交点 P 后，则 AB 边为进入边，它必定要从这个格网 $ABCD$ 的 AC、CD、BD 一边格网离开。这个离开边就是下一个格网的起始边。

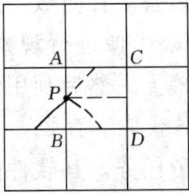

图 6-16

当 P 点从 AB 边进入时，可按顺时针 AC、CD、DB 搜索。一旦发现某边两端点高程与等高线高程满足式（6-51），就采用线性内插求其交点。使得等高线连续游动。如此搜索，直到该等高线到达终点为止。

当在三边搜索中，如发现三边满足式（6-51），这时等高线的出边就有不同选择。此时就要采用在格网中补插一点，如图 6-17 中的对角线交点 G。G 点的高程可用双线性内插公式求得高程 Z_G。再分别用 AG、CG、DG、BG 边进行判断。当两端点满足式（6-51）时，则用线性内插其交点，这样等高线的出边就定了。根据两点连成等高线点排列，或者另一条等高线在下一次搜索中连成。因为相同等高线在内插范围内可能有几条。每搜索一条等高线后，再搜索新的起点与新的等高线。

用同样的方法完成测区所有等高线搜索与内插后，就求得等高线上各点的平面坐标。它是按每条等高线走向顺序排列的，把它存在磁带或磁盘中，再进行曲线补插与光滑，即可输入到绘图仪上自动绘出等高线。

（2）整体解求各等高线的点，并分别排队存储

这种方法是按数字高程模型的格网边顺序（例如先行后列）搜索内插出全部等高线穿越格网点的坐标 X，Y。然后按等高线顺序，将每一条等高线的点子找出来，并按等高线走向将它们顺序排列，存在磁带或磁盘上。内插中仍是采用格网，用上述的判断与线性内插求得。

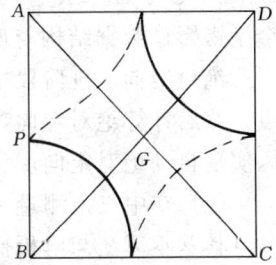

图 6-17

如何将离散的等高线点按每个等高线的顺序排列起来有两个条件，即方向条件与距离条件。所谓方向条件，即要求排列好的等高线上两点至下一个等高线的方向变化为最小。距离条件则是要求已排好的等高线上的点到下一个连接点之间的距离为最短。这两个条件，如只满足一个，则往往有如下两种误差，如图 6-18。因此，排列时应综合考虑两个条件。

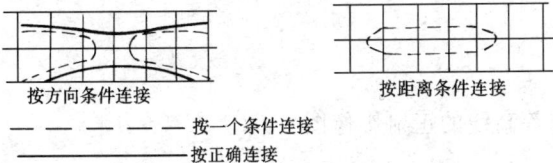

按方向条件连接　　　　按距离条件连接

- - - - - - 按一个条件连接
———— 按正确连接

图 6-18

6.7.3.2　等高线的补插与光滑

上述步骤获得的是一系列顺序排列的离散的等高线点。由于绘图仪与图形输出只能用直线连接，而格网距离往往大于绘图仪步距，因此，用这些连接起来不是一条光滑的曲线。为

此，需要按上节讲述的曲线内插法中用折线逼近曲线的公式，确定内插点的密度。再配合组合多项式内插光滑曲线点上的各点坐标，用绘图仪绘出光滑的曲线。

6.8 全数字摄影测量系统

数字摄影测量系统的任务是利用数字影像或数字化影像完成摄影测量作业，当所处理的影像是全部数字化影像时称其为全数字摄影测量系统。全数字摄影测量系统已无需专门设计的高精度光机部件，其硬件就是一台计算机及数字影像获取与输出设备。在对数字影像进行立体观察时，可将立体反光镜置于显示屏幕前，对并列显示的两幅影像进行观察；或者利用互补色影像进行显示，如左片为红色、右片为绿色并叠加在屏幕上，然后利用红绿眼镜进行观察；或者利用偏振光闪闭法进行立体观察。该系统集数据获取、存贮、处理、管理、成果输出为一体，在单独的一套系统中即可完成所有摄影测量任务。其软件的主要功能有：

（1）定向参数的计算

内定向。框标的自动与半自动识别与定位，利用框标检校坐标与定位坐标，计算扫描坐标系与像片坐标系之间的变换参数。

相对定向。将左影像分区提取特征点，利用二维相关寻找同名点，计算相对定向参数 φ、ω、φ'、ω'、K'。当不进行内定向而直接相对定向时，则还有 x_0、y_0、f 三个参数。金字塔影像数据结构与最小二乘影像匹配方法一般都要用于相对定向的过程。

绝对定向。现阶段主要由人工在左（右）影像定位控制点、由最小二乘匹配确定同名点，然后计算绝对定向参数 ϕ、Ω、K、λ、X_G、Y_G、Z_G。今后有可能建立控制点影像库以实现自动绝对定向。

（2）空中三角测量

其基本算法与解析摄影测量相同，但由于数字摄影测量可利用影像匹配替代人工转刺，从而极大地提高了空中三角测量的效率，避免了粗差，提高了精度。

（3）形成按核线方向排列的立体影像

按同名核线将影像的灰度预以重新排列，形成核线影像。

（4）影像匹配

沿核线进行一维影像匹配、确定同名点。考虑到结果的可靠性与精度应合理地选用影像匹配的各种方法。

（5）建立 DTM

按定向元素计算同名点的地面坐标 (X, Y, Z)，然后内插 DTM 格网点高程，建立 DTM。

（6）自动生成等高线

（7）制作正射影像

（8）等高线与正射影像叠加，制作带等高线的正射影像图

（9）制作景观图、DTM 透视图

（10）基于数字影像的机助量测（如地物、地貌元素的量测）

（11）各种文字、数字、符号的注记

图 6-19 所示的就是由武汉适普公司研究开发的全数字摄影测量系统 Virtuozo NT 完成各项摄影测量工作的流程图。

Virtuozo NT 是基于 Windows NT/2000 的数字摄影测量系统，该系统自动化程度非常高；灵活性、适应性及通用性也非常强，该系统目前已成为国内测绘生产部门的主要生产设备之一。

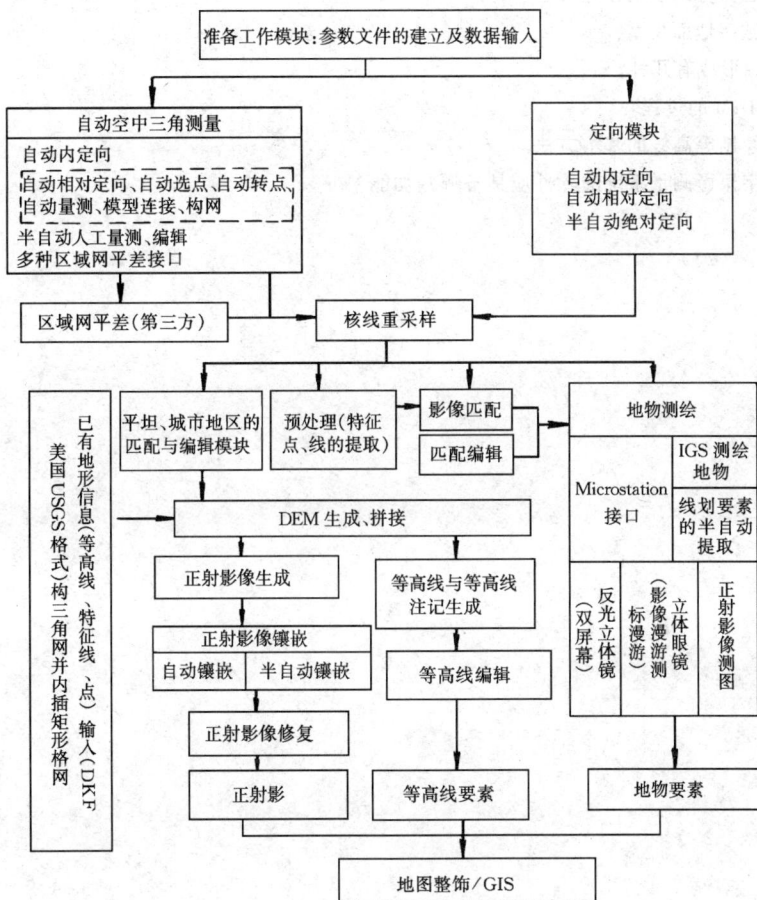

图 6-19　Virtuozo NT 工作流程图

复 习 思 考 题

1. 什么是数字影像？

2. 怎样对影像的灰度进行量化？

3. 数字传感器有哪几类？它们的主要特点是什么？

4. 常用影像重采样的方法有哪些？试比较它的优缺点。

5. 什么是数字影像的内定向？

6. 确定同名核线方法有几种？

7. 利用相关技术进行立体像对的自动量测的原理是什么？

8. 什么是影像匹配？影像匹配的算法有哪些？

9. 什么是金字塔影像？

10. 为什么最小二乘匹配能够达到很高的精度？

11. 为什么采用多点最小二乘匹配可提高影像匹配的可靠性？

12. 特征匹配时，何时采用二维匹配？一维匹配的前提条件是什么？

13. 特征点的提取与匹配的顺序有几种方法？

14. 数字微分纠正的原理是什么？

15. 反解法微分纠正的作业过程？

16. 何谓数字地面模型？

17. DEM 的形成有几种？

18. 建立 DTM 的过程。

19. 自动绘制等高线的基本方法。

20. 全数字摄影测量系统的软件应具备哪些功能？

第7章 地面摄影测量

将摄影机安置在地面上，向研究的对象进行摄影，然后对所获得的影像信息进行量测解算，最后准确地测定出空间物体（对象）的位置、形状和大小，这就是地面摄影测量。

根据所研究的对象不同，地面摄影测量可以分为两类：一类是以研究地表形态为目的，以地形图为测量成果的地形摄影测量；另一类则是以研究空间物体的形状、大小，或者面积、体积，或者运动轨迹、加速度等为目的，以被研究对象的一系列特征点的三维坐标值或者根据要求绘制所摄物体的立面图、平面图和显示立体形状的等值线图为最后成果的非地形摄影测量，俗称近景摄影测量。

由于采用地面摄影测量方法测制地形图存在外业工作量大，测定远近不同的的点位时，精度不一致，前景遮后景易形成"死角"等缺陷，因此这种方法目前已很少采用。而近景摄影测量在近数十年中发展较快，其主要原因是电子计算机的普遍应用以及伴随其发展的数据处理技术的应用。但是，最重要的因素是摄影测量技术的自身特点。如：像片信息量高；适合各种不规则物体的外形测量；适应于动态目标的测量；适应于燃烧、爆炸、晶体生长等不可接触物体的测量等。目前，近景摄影测量已被广泛运用于建筑工程、地质、考古、冶金、机械制造、生物医学、结构变形等领域中。

与地形摄影测量相比较，近景摄影测量的特点是：相对于控制点的绝对定向并不起主要的作用，重要的是测求物体表面上点与点之间的相对位置，以所需要的精度确定其大小、形状或体积；为了提高测绘精度，常常会使用大角度交向摄影；物方空间坐标系的选择很灵活，有时使用相对控制，控制点大多是人工标志；摄影时可以使用非测量用的摄影机。

7.1 地面摄影机

用于地面摄影测量的摄影机有：为专门地形摄影测量设计的摄影经纬仪；有不仅能进行地形摄影测量、也能进行近景摄影测量的全能地面摄影机。在近景摄影测量中，很多并非专门为测量目的而设计的摄影设备也得到了很广泛的应用。虽然地面摄影机的型号比较多，但若从测量的角度对其分类，则可简单地分为测量用摄影机和非测量用摄影机两大类。

7.1.1 测量用摄影机

测量用的摄影机是以测量为目的而专门设计制造的摄影机。承片框上设有框标，摄影机的内方位元素（x_0、y_0、f）是已知的，其光学畸变严格控制在允许范围之内。有些测量用摄影机还配备有外部定向设备和同步摄影设备。

7.1.1.1 DJS-19/1318-Ⅰ型摄影经纬仪

DJS-19/1318-Ⅰ型摄影经纬仪是南京华东光学仪器厂生产的。它主要由定向装置、摄影镜箱组成，并带有复测机构的转轴系统，如图 7-1 所示。摄影机主距 19cm，像幅 13cm ×18cm，视场角 56°，畸变差小于 $6\mu m$。物镜的光圈是固定的，为 1∶25，没有快门装置，用启闭镜头盖控制曝光时间。摄影机的主光轴处于水平位置，不能倾斜，偏角为31°30′。摄影机镜头可以沿导轨向上移动30mm，向下移动45mm，每挡5mm，以适应较高或较低目标的摄影。在镜头旁的小准直管中有一线形标志，摄影时构像在底片边缘，以便确定像主点偏离左、右框标连线的距离，也就是镜头上、下移动的距离。像片框四边的中间各有一个框标，相对框标的连线互相垂直，其交点为镜头位于起始位置时的像主点。

在承片框的左边有标记主距的金属板和两个活动圆筒装置。下方的数码盘可显示出0~99的数码，用以记录基线或像片号。上方的字码盘，用来记录摄影站和摄影方式。字码可以在摄影时同时印在摄影干版上，以作记录。字码的含义为：

　　A——在摄影站的正直摄影；

　AL——左摄影站的左偏摄影；

　AR——左摄影站的右偏摄影；

　　B——右摄影站的正直摄影；

　BL——右摄影站的左偏摄影；

　BR——右摄影站的右偏摄影。

为了保持摄影机光轴及左、右框标连线的水平状态，在镜箱上安排两个互相垂直的管水准器，同时用以控制摄影机的竖直旋转轴位于铅垂位置。

在摄影镜箱的顶部是一个定向装置，用以确定光轴方向与基线方向相对关系的。由三个连接螺钉与镜箱相对固定。望远镜观测方向是保持水平的，转动测微手轮，可使反光镜绕水平轴旋转，并使光轴在±15°范围内俯仰；其倾角可以通过放大镜观察，垂直度盘上的度数从测微手轮上读出分值。水平度盘位于镜箱下部带有复测机构的转轴上。

　7.1.1.2　P_{31}全能地面摄影机

P_{31}全能地面摄影机是瑞士威特厂生产的。它由摄影机和支架两部分组成，如图7-2所示。该仪器的摄影机有三种型号，其技术参数如表7-1所示。

P_{31}全能地面摄影机技术参数　　　　　　　　　　表 7-1

技术参数	特 宽 角	宽 角	常 角
主距，mm	约 45	约 100	约 200
底片尺寸，mm	101.2 × 126.6		
像幅，mm	92 × 118	83/90 × 117	83/90 × 116
像场角（°）	长边 105.3 短边 91.3	长边 61.2 短边 44.2	长边 32.0 短边 23.0
主点偏移，mm	—	15	12
标准调焦，m	7	25	35
可变调焦	不必调焦	更换垫环	更换垫环
标准调焦距上景深，m	$f/5.6$：$3.6 \sim \infty$ $f/22$：$1.5 \sim \infty$	$f/8$：$12.4 \sim \infty$ $f/22$：$6.6 \sim \infty$	$f/8$：$26 \sim 53$ $f/22$：$18 \sim 640$
底片	干版、单张软片		
畸变，μm	± 4		
曝光时间	$1 \sim 500s$、B 门、同步闪光		

图 7-1　Photheo 19/1318 型
摄影经纬仪

图 7-2　P_{31} 全能地面摄影

P_{31} 摄影机的支架包括"Ц"形架和倾斜环两部分。"Ц"形架有个固定的竖轴，作为仪器在水平面中旋转的中心轴。"Ц"形架下面中央位置有水平角指示器，可以指示摄影机主光轴在水平面上的方向。倾斜环是用来安放摄影机的。倾斜环架在"Ц"形架两臂之间，并可绕它的耳轴（水平轴）旋转，摄影机主光轴随之倾斜，可安置的几种特定倾定为：0^g[1]、$\pm 7^g$、$\pm 15^g$、$\pm 25^g$、$\pm 30^g$、$\pm 50^g$、$+60^g$、$+75^g$、$+85^g$、$+93^g$、$+100^g$ 等。这些数值可在"Ц"形架右侧的竖直角指示器上读出。由于 P_{31} 宽角（常角）摄影机具有像幅中心在像幅短边方向偏离主光轴 15mm（14mm），并可绕主光轴旋转（每 90° 为一挡）等特点，因此可得到上、下、左、右四种不同的像幅位置，从而使得像幅的面积能得到充分利用。

P_{31} 全能地面摄影机使用威特标准基座 GDF6，带有光学对点器和圆盒水准器。整置脚架和基座后，上面可以安置摄影机或经纬仪，也可以是觇牌，使三者对中同一地面点。

7.1.1.3　立体摄影机

一般而言，立体摄影影机都是由两台牢固地安装在一定长度基线上的摄影机所组成（如图 7-3 所示），两摄影机主光轴相互平行并与基线垂直。大多数立体摄影机都采用玻璃干版进行摄影，摄影机主距多数能变换以增加调焦范围。由于配备了同步快门，从而可进行动态目标的立体摄影。表 7-2 列出了目前常见的几种立体摄影机的特征。其他型号的该

---

[1]　g-grade 的缩写。百分度即公制度，为圆的 1/400 等分。现在法国极偶而使用，别国极少使用。

类摄影机，在结构和使用范围上与此无原则的区别。

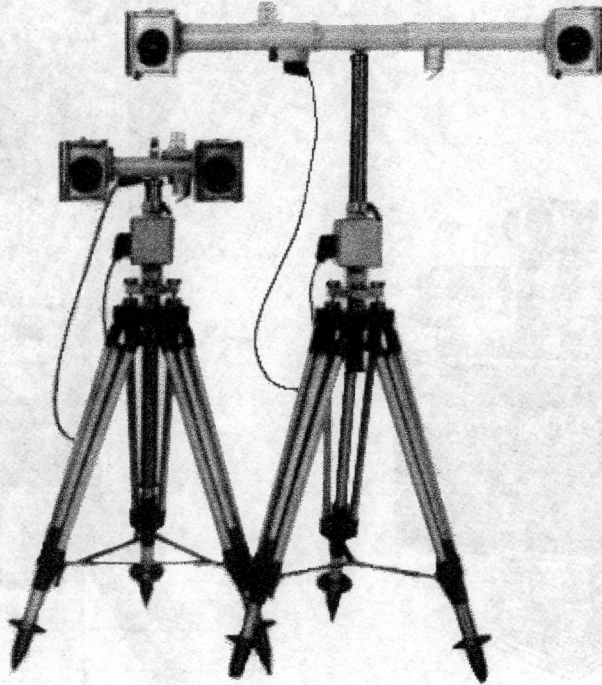

图 7-3 SMK $\frac{120}{40}$ 立体摄影机

常用立体摄影机的主要特性   表 7-2

生产厂	型　号	像幅 (cm)	标称焦距 (mm)	基线长 (cm)	作用范围 (m)	光轴倾角 (分挡数)	摄影材料	备　注
Wild (瑞士)	C-40 C-120	6.5×9	64	40 120	$1.5 \sim 7.2$ $2.7 \sim \infty$	$0 \sim \pm 90°$ (4)	干　版	
Wild (瑞士)	两架 P_{32} 用基线杆 相连	6.5×9	64	20、30、40	$0.6 \sim 25$	仅能水 平摄影	干版或 单张、成 卷软片	
Zeiss (德国)	SMK-40 SMK-120	9×12	60	40 120	$2.5 \sim 10$ $5 \sim \infty$	$0 \sim \pm 90°$ (2)	干　版	配备六个附加近景镜 头，可适应 0.5m、 0.6m、 0.75m、 1.0m、 1.5m、2.5m

7.1.2　非测量用摄影机

非测量用摄影机是指那些不是专门为摄影测量目的而设计制造的摄影机的统称，如各类普通的照相机、电影摄影机和高速摄影机等。

非测量用摄影机一般具有多方面的通用性能，如可任意调焦、可手持摄影、摄影方向任意等优点，故使用起来灵活方便。再加上有些非量测用摄影机由马达操纵，可以进行快速连续摄影、数台摄影机同步摄影，这些都是非测量用摄影机的优越之处。

非测量用摄影机的弱点是：多数光学性能欠佳；内方位元素不稳定或不能记录；没有框标；底片压平措施不力；一般没有外部定向设备等。这些缺陷曾一度限制了非测量用摄影机的广泛使用。但20世纪70年代后，由于电子计算机的发展使一些先进的数字处理技术得以应用，从而可通过软件对非测量用摄影机的一些缺陷给予补偿，并取得了比较满意的结果。大量的实践证明，非测量用摄影机在摄影测量中正发挥着越来越大的作用。

7.2　地面摄影测量的摄影方式和公式

地面摄影工作一般都是可以在地面的固定地点位上进行的。对测量用摄影机而言，还可以比较严格地使摄影机的光轴安置到预定的位置上。这就是说，地面摄影像片的方位元素是预先可知的，这一点与航空摄影测量有着极大的区别。

地面摄影测量采用的转角系统如图7-4所示。图7-4（a）是继续延用航空摄影测量中常用的转角系统 φ、ω、k，像片框标的连线仍为像片坐系的 x 轴和 y 轴。在这个系统中 ω 角约90°左右，不再是小角度。图7-4（b）的转角系统与图7-4（a）有所不同，图7-4（a）的像片坐标系中 y 轴已被定义为 z 轴，图7-4（b）中各角度的含义为：

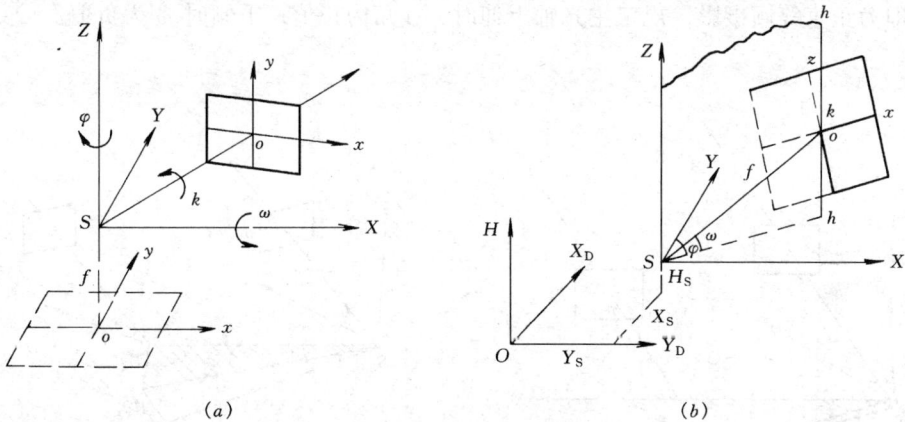

图 7-4　地面摄影测量的转角系统

φ——主光轴在 $S—XY$ 坐标平面上的投影与 Y 轴之间的夹角；

ω——主光轴在 $S—XY$ 坐标平面上的投影与主光轴之间的夹角；

k——主纵线（hh）与框标连线 zz 之间的夹角。

从而 X_s、Y_s、Z_s（H_s）、φ、ω、k 诸元素就构成了地面摄影像片的外方位元素。图中 φ、ω、k 均为正值，这个转角系统在生产中常被采用。

7.2.1　摄影方式

根据不同的被摄对象和地形条件，地面摄影测量常用的摄影方式有以下几种：

（1）正直摄影

摄影时保持两站摄影机主光轴水平，并与摄影基线（两摄影站之间的距离，在水平面上的投影）方向相垂直，如图7-5所示。

（2）等偏摄影

摄影时保持两站摄影机主光轴水平，并与垂直于基线的水平方向同偏一角度。

若主光轴位于摄影基线的垂线的右方，称为右偏摄影，如图 7-6 所示，并且规定，右偏的 φ 角为正值；反之，主光轴位于摄影基线的垂线的左方，称为左偏摄影，如图 7-7 所示，规定左偏的 φ 角为负值。

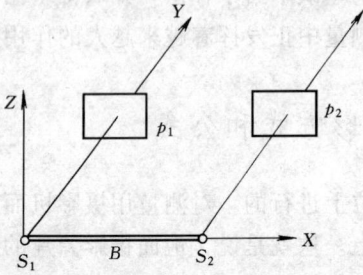

图 7-5　正直摄影　　　　　　　　　　　　　　图 7-6　右偏摄影

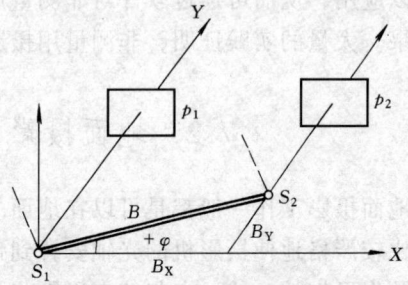

（3）等倾摄影

等倾摄影时，左、右两站摄影机主光轴分别在主垂面内有一个相等的倾角 ω，如图 7-8所示。等倾摄影通常又可分为正直等倾摄影和等偏等倾摄影。在图 7-8 中，当 $B_Y = 0$ 时，即为正直等倾摄影，规定主光轴上仰时，ω 角为正值；下倾时 ω 为负值。

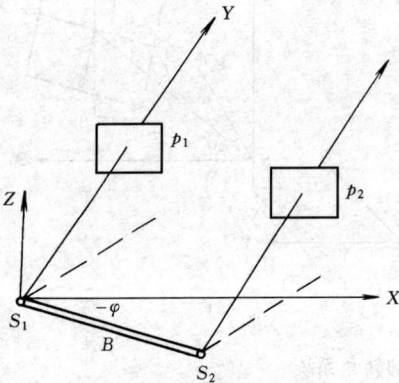

图 7-7　左偏摄影　　　　　　　　　　　　　　图 7-8　等倾摄影

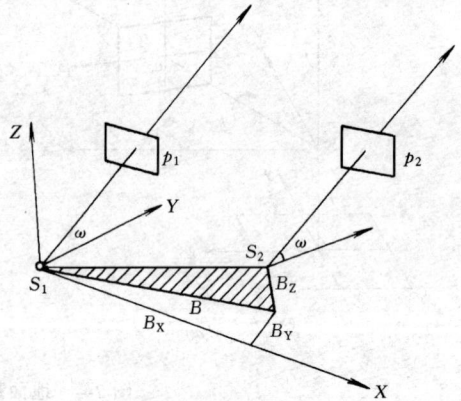

（4）交向摄影

交向摄影时，保持两摄影机主光轴水平，而两主光轴相交成一角度 γ，如图 7-9 所示。以上所介绍的四种摄影方式中，地形摄影测量主要采用正直、等偏两种摄影方式。在近景摄影测量中，除了可采用上述四种摄影方式外，有时也会采用下述方法用以获取立体像对：

图 7-10 所示为用单架摄影机对可移动的物体 A 进行摄影。摄影机一般保持位置不变，当物体处在 A 位时，摄得左像片，然后移动物体至 A' 处，摄得右像片。很显然物体移动的距离，相当于摄影基线。

图 7-11 所示为用单架摄影机对绕竖轴旋转的平台上的物体 A 进行摄影，对物体 A 拍摄一张像片后，使该物体绕竖轴旋转某一角度，再对该物体进行拍摄以获得第二张像片，

从而组成一个交向摄影的立体像对。

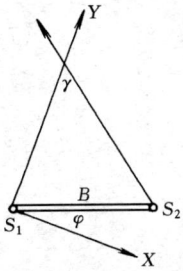

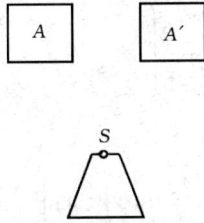

图 7-9　交向摄影　　　　图 7-10　对移动物体的摄影　　　　图 7-11　对旋转物体的摄影

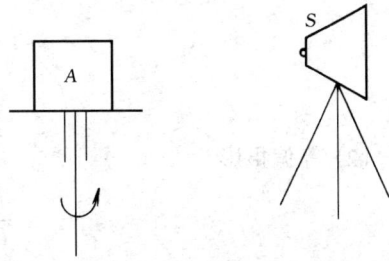

使用立体摄影机的同步快门装置，可对动态目标进行摄影，以便获取同一瞬间的两张（或多张）像片，以构成该瞬间被摄物体的立体模型。

7.2.2　地面摄影测量的基本公式

由于摄影前就可以知道像片的外方位元素，如表 7-3 所示。

常用地面摄影方式的外方位元素　　　　　　　　表 7-3

摄影方式	摄影站	φ	ω	k	B_X	B_Y	B_Z
交向	左	0	0	0	0	0	0
	右	$-\gamma$	0	0	$B \cdot \cos\varphi$	$B \cdot \sin\varphi$	h
正直	左	0	0	0	0	0	0
	右	0	0	0	B	0	h
等偏	左	0	0	0	0	0	0
	右	0	0	0	$B \cdot \cos\varphi$	$B \cdot \sin\varphi$	h
正直等倾	左	0	ω_1	0	0	0	0
	右	0	$\omega_2 = \omega_1$	0	B	0	h
等偏等倾	左	0	ω_1	0	0	0	0
	右	0	$\omega_2 = \omega_1$	0	$B \cdot \cos\varphi$	$B \cdot \sin\varphi$	h

因此，根据空间三维坐标旋转变换公式（左、右两像片分别解算），

$$\begin{bmatrix} X' \\ Y' \\ Z' \end{bmatrix} = \begin{bmatrix} \cos\varphi & \sin\varphi & 0 \\ -\sin\varphi & \cos\varphi & 0 \\ 0 & 0 & 1 \end{bmatrix} \begin{bmatrix} 1 & 0 & 0 \\ 0 & \cos\omega & -\sin\omega \\ 0 & \sin\omega & \cos\omega \end{bmatrix} \begin{bmatrix} \cos k & 0 & -\sin k \\ 0 & 1 & 0 \\ \sin k & 0 & \cos k \end{bmatrix} \begin{bmatrix} x \\ f \\ z \end{bmatrix}$$

及投影射线的比例系数（N）的计算公式，

$$N = \frac{B_X Y_2' - B_Y X_2'}{X_1' Y_2' - X_2' Y_1'}$$

或

$$\begin{cases} N = \dfrac{B_Y Z_2' - B_Z Y_2'}{Y_1' Z_2' - Y_2' Z_1'} \\ N = \dfrac{B_Z X_2' - B_X Z_2'}{X_2' Z_1' - X_1' Z_2'} \end{cases}$$

可以方便得出各种摄影方式的计算公式：

（1）正直摄影

$$X = \frac{B}{P}x_1$$
$$Y = \frac{B}{P}f$$ (7-1)
$$Z = \frac{B}{P}z_1$$

（2）等偏摄影

$$X = \frac{B}{P}\left(\cos\varphi - \frac{x_2}{f}\sin\varphi\right) \cdot x_1$$
$$Y = \frac{B}{P}\left(\cos\varphi - \frac{x_2}{f}\sin\varphi\right) \cdot f$$ (7-2)
$$Z = \frac{B}{P}\left(\cos\varphi - \frac{x_2}{f}\sin\varphi\right) \cdot z_1$$

（3）正直等倾摄影

$$X = N \cdot x_1$$
$$Y = N(f\cos\omega - z_1\sin\omega)$$
$$Z = N(f\sin\omega + z_1\cos\omega)$$ (7-3)
$$N = \frac{1}{Pf}(Bf - hx_2\sin\omega)$$

（4）等偏等倾摄影

$$X = Nx_1$$
$$Y = N(f\cos\omega - z_1\sin\omega)$$
$$Z = N(f\sin\omega + z_1\cos\omega)$$ (7-4)
$$N = \frac{1}{Pf}(Bf\cos\varphi - hx_2\sin\omega - Bx_2\sin\varphi\cos\omega)$$

（5）交向摄影

$$X = N \cdot x'_1$$
$$Y = N \cdot Y'_1$$
$$Z = NZ'_1$$ (7-5)
$$N = \frac{B[f\cos(\varphi - \gamma) - x_2\sin(\varphi - \gamma)]}{P \cdot f\cos\gamma + (f^2 + x_1x_2)\sin\gamma}$$

7.2.3 直接线性变换解法

由于非测量用摄影机所拍摄的像片没有框标，并且内、外方位元素都是未知的，因而上述计算公式，对于非测量用摄影机所拍摄的像片是无法进行解算的。这里所讨论的直接线性变换解法就是针对这个问题提出来的。

直接线性变换解法是直接建立坐标仪坐标与物方空间坐标的关系式的一种算法。计算中不需要内方位元素数据，也不需要外方位元素的起始值。这种算法由 Abdel – Aziz 和 Karara 于 1971 年首先提出。

7.2.3.1 直接线性变换的基本关系式

将像点在坐标仪坐标系中的坐标变换成像片坐标，通常按式 (7-6) 进行解算：

$$\left. \begin{array}{l} \bar{x} = \alpha_1 + \alpha_2 x + \alpha_3 y \\ \bar{y} = \beta_1 + \beta_2 x + \beta_3 y \end{array} \right\} \qquad (7\text{-}6)$$

式中 $\bar{x}$、$\bar{y}$——以像片主点为原点并排除各项误差的坐标；

x、y——坐标仪坐标（即像片上以任意点为原点，任意坐标系内的坐标）；

α_i、β_i——线性改正系数。

原则上讲，经过这种变换后，可以消除由于底片均匀变形、非均匀变形、畸变差、坐标仪 X、Y 轴的不垂直度等因素引起的线性误差。

将像片坐标变换成物方空间坐标，可按共线条件方程式进行：

$$\left. \begin{array}{l} \bar{x} + f\dfrac{a_1(X - X_s) + b_1(Y - Y_s) + c_1(Z - Z_s)}{a_3(X - X_s) + b_3(Y - Y_s) + c_3(Z - Z_s)} = 0 \\[4mm] \bar{y} + f\dfrac{a_2(X - X_s) + b_2(Y - Y_s) + c_2(Z - Z_s)}{a_3(X - X_s) + b_3(Y - Y_s) + c_3(Z - Z_s)} = 0 \end{array} \right\} \qquad (7\text{-}7)$$

将式 (7-6) 代入式 (7-7) 中，得：

$$\left. \begin{array}{l} \alpha_1 + \alpha_2 x + \alpha_3 y + f\dfrac{a_1 X + b_1 Y + c_1 Z + r_1}{a_3 X + b_3 Y + c_3 Z + r_3} = 0 \\[4mm] \beta_1 + \beta_2 x + \beta_3 y + f\dfrac{a_2 X + b_2 Y + c_2 Z + r_2}{a_3 X + b_3 Y + c_3 Z + r_3} = 0 \end{array} \right\}$$

式中 $r_1 = -(a_1 X_s + b_1 Y_s + c_1 Z_s)$；

$r_2 = -(a_2 X_s + b_2 Y_s + c_2 Z_s)$；

$r_3 = -(a_3 X_s + b_3 Y_s + c_3 Z_s)$。

将上式进行整理、改化并引用相应的符号后，可写出：

$$\left. \begin{array}{l} x + \dfrac{l_1 X + l_2 Y + l_3 Z + l_4}{l_9 X + l_{10} Y + l_{11} Z + 1} = 0 \\[4mm] y + \dfrac{l_5 X + l_6 Y + l_7 Z + l_8}{l_9 X + l_{10} Y + l_{11} Z + 1} = 0 \end{array} \right\} \qquad (7\text{-}8)$$

式 (7-8) 就是直接线性变换的基本公式。

式中的 l_i 是引用符号，它是像片内外方位元素以及线性改化系统 (α_i，β_i) 的函数。该式通过 11 个 l 系数，建立了坐标仪坐标 (x，y) 与物方空间坐标 (X，Y，Z) 的直接关系。也就是说，根据一个控制点可以建立如式 (7-8) 的一对方程。因此，若想解求 11 个系数 l，则必须在物方空间至少布设 6 个分布均匀的点。l_i 系数的解求，相当于解求了该像片的内、外方位元素，并进行了线性误差的改正。

7.2.3.2 l 系数及畸变差的解算

式 (7-8) 只进行了线性误差的改正，由于非测量用摄影机的光学性能一般不是很好，因此通常情况下，还需进行畸变差 (Δx，Δy) 的改正，即非线性误差的改正。在考虑进行畸变差改正时，式 (7-8) 就应改写成：

$$x + \Delta x + \frac{l_1 X + l_2 Y + l_3 Z + l_4}{l_9 X + l_{10} Y + l_{11} Z + 1} = 0$$

$$(7\text{-}9)$$

$$y + \Delta y + \frac{l_5 X + l_6 Y + l_7 Z + l_8}{l_9 X + l_{10} Y + l_{11} Z + 1} = 0$$

由于式（7-9）中的 $\Delta x = K(x - x_0) r^2$；$\Delta y = K(y - y_0) r^2$，所以，式（7-9）也可表示为：

$$x + K(x - x_0) + \frac{l_1 X + l_2 Y + l_3 Z + l_4}{l_9 X + l_{10} Y + l_{11} Z + 1} = 0$$

$$(7\text{-}10)$$

$$y + K(y - y_0) r^2 + \frac{l_5 X + l_6 Y + l_7 Z + l_8}{l_9 X + l_{10} Y + l_{11} Z + 1} = 0$$

式中　K——对称畸变的待定系数；

　　x_0、y_0——像主点在坐标仪坐标系中的坐标；

　　　r——内径，其值为 $\sqrt{(x - x_0)^2 + (y - y_0)^2}$。

在多余观测条件下，假定 x、y 的改正数分别为 V_x、V_y，则可列出解求 11 个 l 系数及待定系数 K 的误差方程式和法方程式矩阵，其形式如下：

$$V = ML + W \tag{7-11}$$

$$M^T ML + M^T W = 0 \tag{7-12}$$

式中各值分别为：

$$V = \begin{bmatrix} V_x \\ V_y \end{bmatrix}, \qquad W = -\frac{1}{A} \begin{bmatrix} x \\ y \end{bmatrix};$$

$$M = -\frac{1}{A} \begin{bmatrix} X & Y & Z & 1 & 0 & 0 & 0 & 0 & xX & xY & xZ & A(x - x_0) r^2 \\ 0 & 0 & 0 & 0 & X & Y & Z & 1 & yX & yY & yZ & A(y - y_0) r^2 \end{bmatrix};$$

$$L = \begin{bmatrix} l_1 、 l_2 、 l_2 、 l_3 、 l_4 、 l_5 、 l_6 、 l_7 、 l_8 、 l_9 、 l_{10} 、 l_{11} 、 K \end{bmatrix}^T$$

$$A = l_9 X + l_{10} Y + l_{11} Z + 1。$$

从而可得：

$$L = -(M^T M)^{-1}(M^T W) \tag{7-13}$$

在未知数矩阵 L 中，有 12 个未知数，所以，最少需要 6 个已知物方空间坐标的控制点。由于式（7-13）是非线性的，故在解算时采用迭代法。

对每一张像片而言，都有其相应的 11 个 l 系数，即使是对于同一目标所拍摄的两张像片，它们的 l 系数也是互不相同的。因此，要分别解算。

7.2.3.3　内方位元素的近似解算

利用直接线性变换解法不仅可以进行像点坐标的解算，还可以解求出摄影机的内方位元素。当然，这步工作对于畸变差的改正也是必不可少的。其计算公式如下：

$$\left. \begin{aligned} x_0 &= -\frac{l_1 l_9 + l_2 l_{10} + l_3 l_{11}}{l_9^2 + l_{10}^2 + l_{11}^2} \\ y_0 &= -\frac{l_5 l_9 + l_6 l_{10} + l_7 l_{11}}{l_9^2 + l_{10}^2 + l_{11}^2} \end{aligned} \right\}$$

$$(7\text{-}14)$$

并进而可求出 f 值：

$$\left.\begin{array}{l} f_x = -x_0^2 + \dfrac{l_1^2 + l_2^2 + l_3^2}{l_9^2 + l_{10}^2 + l_{11}^2} \\[4mm] f_y = -y_0^2 + \dfrac{l_5^2 + l_6^2 + l_7^2}{l_9^2 + l_{10}^2 + l_{11}^2} \\[4mm] f = \dfrac{1}{2}(f_x + f_y) \end{array}\right\} \tag{7-15}$$

虽然上面两个公式都是近似公式，解求出的内方位元素（x_0，y_0，f）有一定的近似性，但对畸变差改正的影响是非常小的。所以，它是实用公式。

7.2.3.4 待定点空间坐标的解算

（1）畸变差改正

当解求了 K 值和内方位元素（x_0，y_0）之后，即可对待定点的坐标仪坐标进行畸变差改正：

$$\left.\begin{array}{l} x + \Delta x = x + K(x - x_0) \cdot r^2 \\[2mm] y + \Delta y = y + K(y - y_0) \cdot r^2 \end{array}\right\} \tag{7-16}$$

（2）待定点空间坐标的解算

将式（7-8）中的 x、y 分别用 $x + \Delta x$、$y + \Delta y$ 代换，并设 V_x，V_y 为待定点坐标仪坐标（x，y）的改正数，那么解待定点物方空间坐标（X，Y，Z）的误差方程式可写成：

$$\left.\begin{array}{l} V_x = -\dfrac{1}{A}[l_1 + l_9 x] X + (l_2 + l_{10} x) Y + (l_3 + l_{11} x) Z + (l_4 + x)] \\[3mm] V_y = -\dfrac{1}{A}[l_5 + l_9 y] X + (l_6 + l_{10} \cdot y) Y + (l_7 + l_{11} y) Z + (l_8 + y)] \end{array}\right\} \tag{7-17}$$

其矩阵形式为：

$$V = NS + Q \tag{7-18}$$

式中各值分别为：

$$V = [V_x \, V_y]^{\mathrm{T}};$$

$$N = -\begin{bmatrix} l_1 + l_9 x & l_2 + l_{10} x & l_3 + l_{11} x \\ l_5 + l_9 y & l_6 + l_{10} y & l_7 + l_{11} y \end{bmatrix};$$

$$S = [X \, Y \, Z]^{\mathrm{r}}$$

$$Q = -\dfrac{1}{A}\begin{bmatrix} l_4 + x \\ l_3 + y \end{bmatrix}。$$

于是，法方程式可表示为：

$$N^{\mathrm{T}}NS + N^{\mathrm{T}}Q \overset{\cdot}{=} 0 \tag{7-19}$$

从而有：

$$S = -(N^{\mathrm{T}}N)^{-1}N^{\mathrm{T}}Q \tag{7-20}$$

分析式（7-17）可知，若利用该式解求待定点的 X、Y、Z 三维坐标值，至少要有两组方程（即至少要有两张像片），根据左像点坐标列出一组，再根据右像点列出另外一组。

7.2.3.5 直接线性变换解题过程

直接线性变换这种解法，不仅适合非测量用摄影机所拍摄的像片，即使是测量用摄影机所拍摄的像片，用此法进行处理也有着明显的优点。当然，后者是无需进行畸变差改正的。下面就这样的两个问题，给出了采用直接线性变换解法的解题过程。

```
                开始                          输出 lᵢ 系数
                 │                             及 K 值
                 ▼                               │
          输入控制点                              ▼
       像方和物方坐标                           输入
                 │                          待定点像方坐标
                 ▼                               │
  ┌──► 按式(7-11)                                ▼
  │    组成误差方程                      ┌─── 是否进行 ──► 否 ──┐
  │        │                           │    畸变差改正          │
  │        ▼                           │        │              │
  │    按式(7-12)                      │        是             │
  │    组成法方程                       │        ▼              │
  │        │                           │    按式(7-16)          │
  │        ▼                           │    改正畸变差          │
  │    按式(7-13)                      │        │              │
  │    解求 lᵢ 系数                     │        ▼              │
  │        │                           │    按式(7-18)◄────────┘
  │        ▼                           │    组成误差方程
  │    是否 ──► 否 ──┐                  │        │
  │    进行畸变差       │                │        ▼
  │    改正?           │                │    按式(7-19)
  │        │          │                │    组成法方程
  │        是         │                │        │
  │        ▼          │                │        ▼
  │    按式(7-14)、(7-15)│                │    按式(7-20)
  │    计算 x₀、y₀、f   │                │    解算待定点空间坐标
  │        │          │                │        │
  │        ▼          │                │        ▼
  │    按式(7-10)       │                │    输出各待定点
  │    解求 k 的系数    │                │    物方空间坐标(X、Y、Z)
  │        │          │                │        │
  │        ▼          │                │        ▼
  └ 否 ── lᵢ 系数 ◄────┘                │       结束
         两次迭代值之差
         小于规定值
            │
            是
```

$$按式(7-14)、(7-15)\ 计算\ x_0、y_0、f$$

$$按式(7-10)\ 解求\ k\ 的系数$$

$$按式(7-20)\ 解算待定点空间坐标$$

输出各待定点物方空间坐标 $(X、Y、Z)$

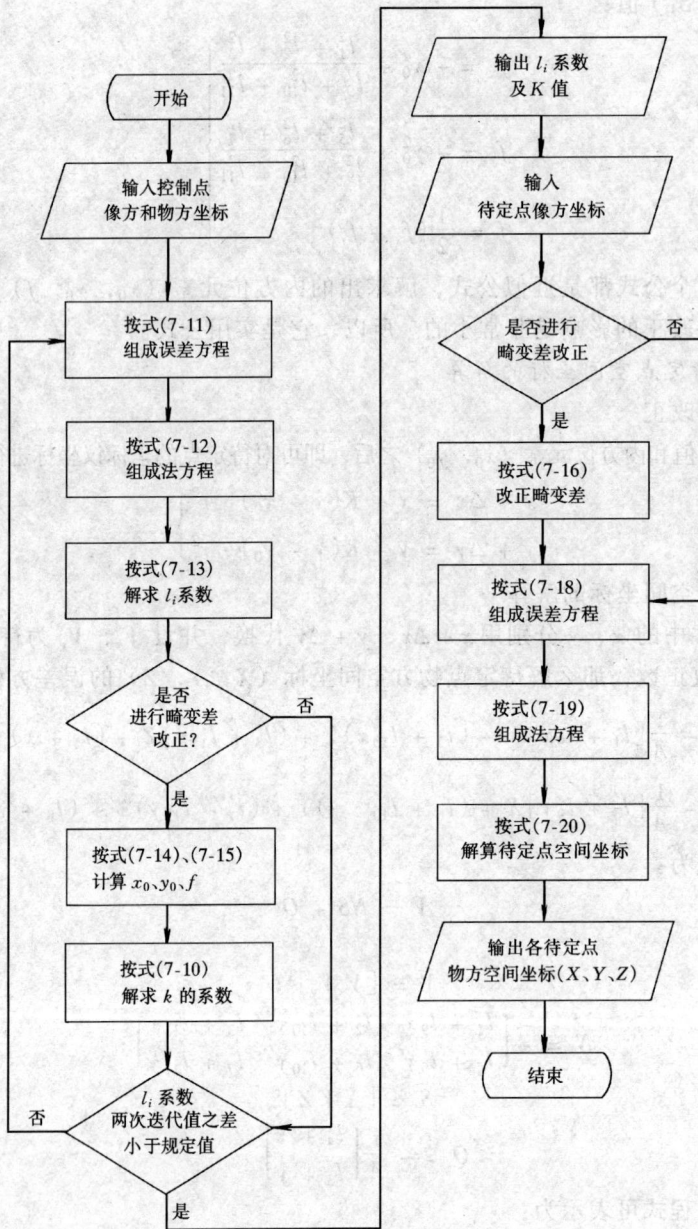

7.3 近景摄影测量的控制系统，摄影站的布设及测图工作

7.3.1 近景摄影测量的控制系统

近景摄影测量如同其他摄影测量一样，在被摄物体周围布设一定数量的控制点，是必不可少的工作。但鉴于近景摄影测量仅以测定目标物之形状和大小为目的，常常不注重目标物之绝对位置等特点，因此，物方空间坐标系的选择以及控制方式的选择是很灵活的。

7.3.1.1 室内三维控制网

在室内利用两相交的墙面，在其上布设一些人工标志作为控制点位，控制点的个数及

分布，可视室内控制网的空间大小而定；然后采用某种手段测定出这些点的三维坐标，这就构成了室内三维控制网。在近景摄影测量中，室内三维控制网除了用来作为控制外，还可以用来测定摄影机的内方位元素。

7.3.1.2 活动控制系统

活动控制系统是一种可随身携带的三维控制系统，其形态和大小可根据实际情况而定，活动控制系统中控制点的三维坐标，事先可设法测定。若将活动控制系统与被摄物体一起拍摄，即可将被摄物体纳入到活动控制系统所规定的坐标系内，进而测出目标物相应点的坐标、图形等数据。这种活动的控制系统，在近景摄影测量中得到了广泛的应用。

7.3.1.3 相对控制

在地形摄影测量中，控制点几乎是惟一的控制手段，而在近景摄影测量中，常常有条件布置或选用相对控制。除控制点以外的其他控制形式即相对控制的引用，使近景摄影测量的控制方式多样化了。这对简化和减少控制工作、加强所建模型的内部强度起着明显的作用。

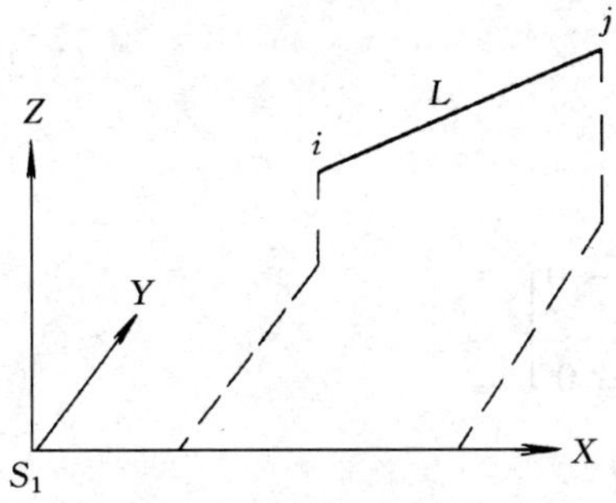

图 7-12 距离的相对控制

（1）距离相对控制

距离相对控制是一种非常灵活、方便的控制方式。它可以是两摄影站点间的距离，也可以是两物点间的距离，或者是一摄站与某物点间的距离。如图 7-12 所示，设两物点 i、j 之间的已知距离为 L，那么，L 与物点坐标的计算值存在着下列函数关系：

$$F = L^2 = F_0 + \Delta F \tag{7-21}$$

式中 F_0——改正数。

其中 $F_0 = (X_i - X_j)^2 + (Y_i - Y_j)^2 + (Z_i - Z_j)^2$;

$$\Delta F = \frac{\partial F}{\partial X_i}\Delta X_i + \frac{\partial F}{\partial X_i}\Delta Y_i + \frac{\partial F}{\partial Z_i}\Delta Z_i + \frac{\partial F}{\partial X_j}\Delta X_j + \frac{\partial F}{\partial Y_j}\Delta Y_j + \frac{\partial F}{\partial Z_j}\Delta Z_j。$$

应该指出：F_0 值是在趋近计算中，由两物点的坐标趋近值计算而得的，而且有：

$$\frac{\partial F}{\partial X_i} = -\frac{\partial F}{\partial X_j} = 2(X_i - X_j);$$

$$\frac{\partial F}{\partial Y_i} = -\frac{\partial F}{\partial Y_j} = 2(Y_i - Y_j);$$

$$\frac{\partial F}{\partial Z_i} = -\frac{\partial F}{\partial Z_j} = 2(Z_i - Z_j);$$

所以得：

$$
\begin{aligned}
F = F_0 &+ 2(X_i - X_j) \cdot (\Delta X_i - \Delta X_j) \\
&+ 2(Y_i - Y_j) \cdot (\Delta Y_i - \Delta Y_j) \\
&+ 2(Z_i - Z_j) \cdot (\Delta Z_i - \Delta Z_j)
\end{aligned}
\tag{7-22}
$$

若用矩阵形式表示，其相应的条件方程式为：

$$CX = G \tag{7-23}$$

式中各值分别为：

$$C = \left[\, X_i - X_j \; Y_i - Y_j \; Z_i - Z_j \; -(X_i - X_j) \; -(Y_i - Y_j) \; -(Z_i - Z_j)\,\right];$$

$$X = \left[\Delta X_i \Delta Y_i \Delta Z_i \Delta X_i \Delta Y_i \Delta Z_i\right]^{\mathrm{T}};$$

$$G = \frac{L^2 - F_0}{2}。$$

然后，将式（7-23）作为制约条件与共线条件方程式 $V = At + BX - L$ 联立，进行整体平差。这类平差问题，可按附有条件的间接平差法进行计算。

（2）铅垂线的相对控制

假设铅垂线上有 i、j 两个点，则条件方程式为：

$$\left.\begin{array}{c} X_i - X_j = 0 \\ Y_i - Y_j = 0 \end{array}\right\} \tag{7-24}$$

引入改正数 ΔX_i、ΔX_j、ΔY_i、ΔY_j，则有：

$$\left.\begin{array}{c} (X_i^{\circ} + \Delta X_i) - (X_j^{\circ} + \Delta X_j) = 0 \\ (Y_i^{\circ} + \Delta Y_i) - (Y_j^{\circ} + \Delta Y_j) = 0 \end{array}\right\}$$

式中　X_i°、Y_i°、X_j°、Y_j°——X_i、Y_i、X_j、Y_j 的近似值。

那么，其条件方程的矩阵形式。可写成：

$$CX = G \tag{7-25}$$

式中各值分别为：

$$C = \begin{bmatrix} 1 & -1 & 0 & 0 \\ 0 & 0 & 1 & -1 \end{bmatrix};$$

$$X = \left[\Delta X_i \Delta X_j \Delta Y_i \Delta Y_j\right]^{\mathrm{r}};$$

$$G = \begin{bmatrix} -(X_i^{\circ} - X_j^{\circ}) \\ -(Y_i^{\circ} - Y_j^{\circ}) \end{bmatrix}。$$

（3）水平平面的相对控制

由于位于同一水平面上的点，它们的高程值总是相等的。因此，可列出条件方程式：

$$Z_i - Z_j = 0 \tag{7-26}$$

引入改正数后，可写成：

$$(Z_i^{\circ} + \Delta Z_i) - (Z_j^{\circ} + \Delta Z_j) = 0$$

式中　Z_j°、Z_i°——Z_i、Z_j 的近似值。

上式也可写成：

$$\Delta Z_i - \Delta Z_j = -(Z_i^{\circ} - Z_j^{\circ})$$

从而上式的矩阵形式为：

$$CX = G \tag{7-27}$$

式中各值分别为：$C = \begin{bmatrix} 1 & -1 \end{bmatrix}$；$X = \begin{bmatrix} \Delta Z_i & \Delta Z_j \end{bmatrix}^{\mathrm{r}}$；$G = -(Z_i^{\circ} - Z_j^{\circ})$。

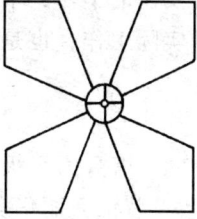

图 7-13

在近景摄影测量中，除上述介绍的几种相对控制外，还有很多种，例如：垂直平面、水平线、任意平面、任意直线，甚至于随手将一根尺子放在被摄物体的旁边，并同被摄物体一同摄影，这就已经形成了相对控制。所以灵活地、合理地使用相对控制，会给测量工作带来很大的方便。虽然后面所列举的几种相对控制情况，并没有加以推导，但它们的解题过程与前面所述完全一致，即首先列出条件式，继而线性化得出条件方程式，最后与共线条件方程式联立求解。

7.3.1.4 人工标志

像控点最好选在被摄物体的明显特征点上，当没有明显特征点时，则要设立人工标志。常用的人工标志如图 7-13 所示。

7.3.2 摄影站的布设

近景摄影测量中，分析点位精度时，常使用式（7-1）中 $Y = \dfrac{B \cdot f}{P}$ 的微分式，即：

$$\mathrm{d}Y = \frac{B \cdot f}{P^2}\mathrm{d}p = -\frac{Y^2}{B \cdot f}\mathrm{d}p$$

由该式可知，摄影基线 B 值的大小与点位量测精度成反比。基线 B 值愈大，立体量测的精度愈高。但是由于受到视差角（一对同名光线所形成的交会角 r，如图 7-14 所示）不得大于 15°的限制，基线值又不能过大，否则，立体量测时会因相邻点视差变动很快而导致眼睛很快疲劳，而无法连续工作。由图 7-14 可知：

$$B = 2 \cdot \mathrm{tg}7°30' \cdot Y$$

因此，最大基线值的选取必须符合下述关系式：

$$B_{最大} \leqslant \frac{Y_{最小}}{4}$$

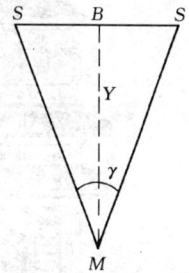

图 7-14 同名光线形成的交会角

7.3.3 测图工作

能够处理地面摄影像对的测图仪的类型是很多的，仅就航测仪器而言，只要具有 y、z 互换功能，就能处理地面摄影像对，如瑞士威特 A_{10}，德国的 Planimat D_2，以及各种解析测图仪（如：C-100、BC-1 等）。

用航测仪器测绘立面图或等值线图，其测绘过程与常规的摄影量方法基本相同，其过程为：

①恢复内方位元素
②相对定向
③绝对定向
④测图

7.4 近景摄影测量的应用

近景摄影测量的应用是相当广泛的，它涉及国民经济建设的很多领域。下面所列举的几个实例，都是取材于国内一些杂志上所发表的研究成果。通过这几个实例的学习，不仅可以加深对地面摄影测量基本理论的理解，而且对今后从事这些方面的实际工作，也是有着指导意义的。

7.4.1 近景摄影测量在历史文物方面的应用

众所周知，南京栖霞寺的舍利塔（图7-15）建于南唐时期，塔高17m，塔身为五级八面，全部用石灰岩建成；南朝帝王墓前的石刻辟邪（图7-16），雕刻细致，装饰秀丽华美，这些都是我国古代石雕艺术的珍品。为了帮助文物部门为今后修复或重建这些历史文物提供科学的依据，江苏省地矿局测绘大队和河海大学勘测系合作，采用近景摄影测量的方法测制了这两件古代文物的立面图、等值线图。

图 7-15 舍利塔立面图
（南京栖霞寺，南唐）

图 7-16 石刻辟邪等值线图（南朝帝王墓）

7.4.1.1 摄影工作

应用 Wild P_{31} 全能地面摄影机，采用正直摄影方式进行摄影，工作前对摄影机进行作业检校，摄影基线应尽量平行文物的立面，不平行度不得超过测图仪的基线分量 b_x、b_y 的修正范围，摄影纵距 Y 是根据图比例尺与像比例尺的关系来确定，为了保证精度，其放大系数，不超过8倍。

舍利塔的摄影基线 B 为 6.485m，平均 Y 距离为 35.56m，$B/Y = 1/5.48$，主距 f 为 99.63mm，像幅为 10.2cm×12.7cm，承片框中心在像幅向下方向偏离 15mm，目的是为了扩大塔顶的范围，两摄影站之间的高差为 0.36m。摄影前，在塔体上及周围布设部分控制点标志，考虑到 A_{10} 仪器是圆点形的测标，其直径为 0.04mm，观测系统的放大率为8倍，则标志在像片上的构像直径最好为 0.05mm 左右，（实际标志的直径为22mm），这样才有利于提高量测精度。

辟邪的摄影基线 B 为 2.183m，平均 Y 的距离为 6.59m，$B/Y = 1/3.02$，主距 f 为

100.69mm，（利用1.06mm长的附加垫环改变镜筒长度），两摄影站的高差为0.001m。摄影前，在物方的水平方向及垂直方向各安置3m长的水准尺，作为测图时归化成图比例尺用，野外不再作控制点，这样成图速度快，作业程序简单，但必须严格保持摄影机主光轴与文物立面的垂直，避免在倾斜的立体模型测绘，而降低成图质量。其他的参数同前一致。

感光材料选用天津感光胶片厂出品的紫外Ⅱ型光谱干板，摄影时光圈号数22，曝光时间约1s。

7.4.1.2　控制工作

空间三维坐标采用左摄站 S_1 为原点，摄影基线的方向为 X 轴，基线用经过检定的钢尺丈量四次取中数使用，为了获得较佳的交会角，提高控制点的精度，取摄影基线两摄影站处分别延长为11.912m及22.406m为控制基线。外业控制点的平面坐标采用前方交会法；塔上控制点的高程用间接高程法测定，塔底的控制点及基线的两个端点采用等外水准测量的方法测定其高程；水平角及垂直均用 J_2 型经纬仪观测一测回。

7.4.1.3　测图工作

用 Wild A_{10} 型精密立体测仪来测绘立面及等值线图，其测绘过程与常规的摄影测量方法基本相同。应当指出，由于 P_{31} 摄影机的主点有偏心，安置底片归心时应考虑该偏心值，取改正后的主距值在仪器上安置。利用已知的外方位元素及摄影基线值按模型比例尺缩小后安置在仪器上的相应位置，以加快定向速度。当摄影基线与立面不平行时，基线分解为两个分量，分别垂直和平行于立面。

舍利塔的立面图如图7-14所示。像片比例尺为1:357；模型比例尺为1:200；成图比例尺为1:50。

辟邪的等值线图如图7-15所示。像片比例尺为1:65；模型比例尺为1:20；成图比例尺为1:10。

7.4.2　生物近景摄影测量

运动骨骼的形状、尺寸对于生物学工作者是一个重要的数据。煤炭部航测大队在陕西省动物研究所的配合下，采用近景摄影测量的方法测制了金丝猴头骨的等值线图以及部分特征点的三维坐标。这些资料可用于动物、生态、物种的鉴定。

7.4.2.1　物方控制系的建立

提供物方空间控制的基础是 $15 \times 15 \times 10 cm^3$ 的一个三维控制系统。具体做法是选一个15cm×15cm、厚度为5mm的玻璃，平整度不超过±0.02mm，利用坐标展点仪以0.02mm的精度展绘距离为1cm的格网，以直径为0.5mm实心圆整饰，在选定的6~8个网点上竖立4mm见方、长3~10cm的杆子，以0.1mm的精度测定各杆的标高。

6.4.2.2　摄影工作

采用一台 SMK-120 立体摄影机，f 为60mm，像幅为9cm×12cm。由于所摄物体较小，为了获得清晰而又可能大的摄影比例尺的立体像对，附加4号近景镜头，用 SMK-120 的单镜头摄影。为了取得精确的摄影基线，采用摄影机不动、平移被摄物体的方式。此时被摄物体放入控制系内，而控制系又放在 Stecometer 精密立体坐标量测仪的像片盘上，控制系垂直于像片盘平面，摄影机光轴近似垂直标量测仪的 x 轴。立体像对的第一张像片取得后，记下读数 x，然后在 x 方向移动一个距离取得第二张像片，记下读数 x_2，基线长即为 $B = x_2 - x_1$，其精度达 $5\mu m$。

为了使被摄物体处于严格的正面或侧面位置（由动物的特征点定位），可借助仪器的 K 螺旋。必要时，亦可用 K 转一定角值来获得三度或四度的立体重叠。

为了适于模拟测图；按图 7-17 用单机摄影，然后摇动手柄，基线用钢尺丈量至 0.1mm。

由于头骨色调单一平淡，为增加影像的反差，可用一台书写投影仪，将格网投影到头骨上，选取合适的曝光时间摄影。

为了简化像片的处理，应严格使气泡居中，以保持主光轴水平，这样所得的立体模型就接近于垂直摄影的情况。

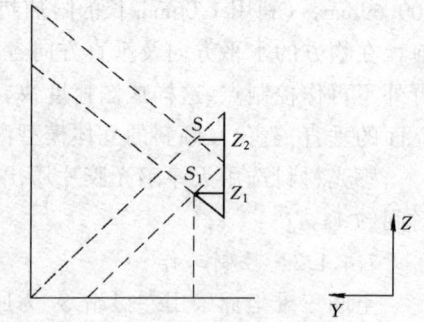

图 7-17　单机模拟摄影

摄影材料采用国产全色片红特硬型干版，微粒显影。

7.4.2.3　测图和特征点坐标解算

头骨测量不仅要求提供一个便于直接量测的高精度的立面图或等值线图，同时需要大量的特征点三维坐标（例如：人字点、头顶点、眉间正中点等）。为此，可采用模拟法和解析法进行处理。

（1）模拟测图

为了测制头骨的立面图或等值线图，采用 D_2 型立体测图仪，摄影比例尺约为 1:12，模型比例尺为 1:5，成图比例尺为 1:1，等值距为 3mm，如图 7-18 和图 7-19 所示。

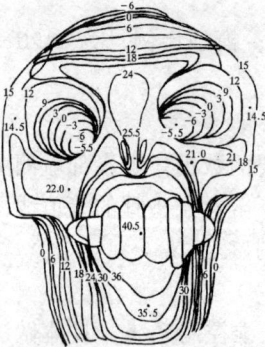

图 7-18　头骨等值线图（正面）

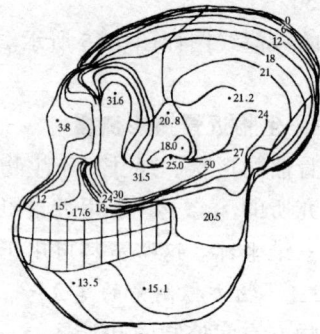

图 7-19　头骨等值线图（侧面）

虽然实验是采用正直摄影方式拍摄的两张像片，即相当于航测中的理想像对，但由于是单个摄影机分别摄影，因而定向误差在所难免。所以在 D_2 立体测图仪上测图时，仍然需要进行相对定向、绝对定向等工作。

（2）解析法测定特征点的空间坐标

从模拟法获得的头骨立面图或等值线上得到的信息，对于某些特殊需要（例如对生物的精密鉴定或头凤复原）是不够的。因此，需要利用解析法解算某些特征点的空间位置 X、Y、Z。解算方法采用直接线性变换解法。

7.4.3　普通照相机用于橡胶护舷的变形测量

橡胶护舷是为安全吸收大型油轮靠泊时的巨大撞击能量的重要设备，它的研制和建造关系到外海深水码头的建设。根据橡胶护舷的鼓筒变形，可查得护舷吸收的能量及相应的油轮撞击力，为深水码间的建设提供依据。下面介绍武汉测绘学院航测系用海鸥 4B 型普通照相机进行鼓筒变形的摄影测量方法。

变形测量的基本思想是基于直接线性变换原理，把变形前、后的鼓筒都纳入到活动控制架所确定的坐标系内。图 7-20 是橡胶护舷的变形测量，图 7-21 是俯视图，它表示现场摄影机与控制的相互关系。

图 7-21 中的控制杆（3）是一些铝合金管，垂直于码头立面。在这些铝合金管上布设有若干控制标志。船舶停靠前，根据安放在鼓筒上的活动控制架，将其坐标用摄影测量的方法传递到控制杆上。同时，也把鼓筒上事先标记的一些格网交叉点，纳入此活动控制架所确定的坐标系中，从而确定了橡胶鼓筒的静态坐标。然后，将活动控制架取走，当油轮船舷对橡胶护舷压迫使其变形时，拍摄立体像对。这时橡胶鼓筒上格网点的坐标可根据控制杆来确定。

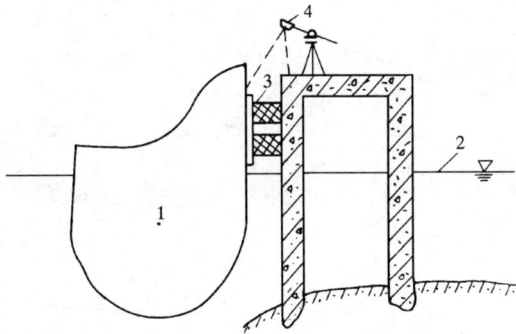

图 7-20　橡胶护舷的变形测量
1—船体；2—海面；3—鼓筒；4—普通照相机

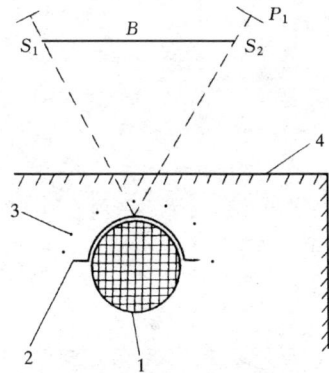

图 7-21　橡胶护舷变形测量的俯视图
1—鼓筒；2—活动控制架；3—控制杆；4—码头平面

根据直接线性变换原理，在电子计算机计算出各格网点变形前及变形后的坐标，并把它们按一定比例尺展绘下来。图 7-22 是鼓筒变形在 XY 平面（水平面）上之投影图形。图中各箭身表示变形量；箭尾表示变形前格网点所处位置；箭头表示变形后位置。此图的比例尺约为 1∶10。

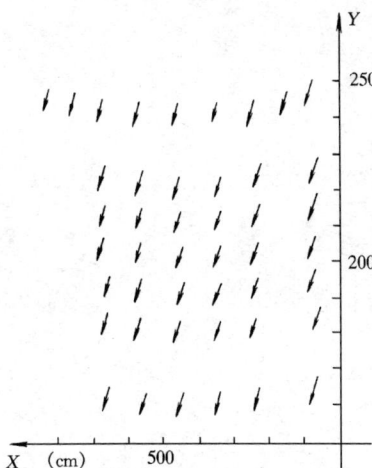

图 7-22　鼓筒变形的平面投影图形

活动控制架大体呈"马鞍形"，此种设计形状可保持平稳安放，以及最大限度地接近被测物体——鼓筒。活动控制架上控制点的坐标，加以用经纬仪测定，以保证较高的精度。如精度要求不很高，则也可以用摄影测量的方法，把此活动控制架置于室内控制网之中，确定其上各控制标志的三维空间坐标。

野外摄影时，摄影基线 B（见图 7-21）约为 2.3m～2.5m，摄影高度约为 2m，这些数据是目测的。据估算，鼓筒变形在正压缩方向的中误差约在 1～2mm 之间。

复 习 思 考 题

1. 何谓地面摄影测量？与其他测量方法相比较，有哪些特点？
2. 地面摄影机有哪些种类？各有些什么特点？
3. 地面摄影测量常用的摄影方式有哪几种？在摄影测量坐标系中，它们的外方位元素有何不同？
4. 在摄影站的布设中，应注意哪些问题？
5. 直接线性变换解法有哪些特点？
6. 何谓相对控制？
7. 近景摄影测量常采用哪些相对控制？

主 要 参 考 文 献

1　张敏智 .《航空摄影测量》. 北京：地质出版社，1991
2　冯文灏 .《非地形摄影测量》. 北京：测绘出版社，1983
3　朱肇光，孙护，崔炳光 .《摄影测量学》. 北京：测绘出版社，1994
4　张祖勋，张剑清 .《数字摄影测量学》. 武汉：武汉大学出版社，1997
5　金为锐，杨先宏，邹鸿潮，崔仁愉 .《摄影测量学》. 武汉：武汉大学出版社，1996
6　张永生 .《遥感图像信息系统》. 北京：科学出版社，2000